酒水服务与酒吧管理

主　编　魏雅姝

编　委　谢远健　刘　影　张作霖

　　　　傅凯林　王青青　汪　俊

合肥工业大学出版社

图书在版编目(CIP)数据

酒水服务与酒吧管理/魏雅姝主编. --合肥:合肥工业大学出版社,2024
ISBN 978-7-5650-6695-5

Ⅰ.①酒… Ⅱ.①魏… Ⅲ.①酒-基本知识②酒吧-商业管理 Ⅳ.①TS971.22
②F719.3

中国国家版本馆 CIP 数据核字(2024)第 037948 号

酒水服务与酒吧管理

魏雅姝 主编　　　　　　　　　　　　　　责任编辑　郑　洁

出　版	合肥工业大学出版社	版　次	2024 年 10 月第 1 版
地　址	合肥市屯溪路 193 号	印　次	2024 年 10 月第 1 次印刷
邮　编	230009	开　本	787 毫米×1092 毫米　1/16
电　话	基础与职业教育出版中心:0551-62903120	印　张	12.25
	营销与储运管理中心:0551-62903198	字　数	254 千字
网　址	press.hfut.edu.cn	印　刷	安徽联众印刷有限公司
E-mail	hfutpress@163.com	发　行	全国新华书店

ISBN 978-7-5650-6695-5　　　　　　　　　　　定价:52.00 元

如果有影响阅读的印装质量问题,请联系出版社营销与储运管理中心调换。

前　言

　　在快节奏的现代生活中，酒吧文化逐渐成为城市生活的一部分。酒吧不仅是人们放松心情、交流情感的场所，还是展示酒水文化、艺术与服务水平的重要窗口。因此，掌握酒水服务与酒吧管理的专业知识与技能对提升酒吧行业的服务质量和竞争力具有至关重要的作用。

　　《酒水服务与酒吧管理》是一本全面、系统、实用的教材，旨在帮助读者深入了解酒水文化、酒水种类、酒水服务技巧以及酒吧管理等方面的知识。全书分为六个模块，每个模块涵盖该领域的基础知识和实践应用，并融合课程思政教学元素，力求将理论与实践相结合，使读者能够轻松掌握相关知识和技能。同时，配有知识拓展二维码索引，读者通过扫描二维码，可以轻松获取相关的教学视频和课件等数字资源，实现教材的可读、可视和可听。

　　"酒水概述"模块引领读者进入酒水世界的大门，了解酒水的起源、分类、品鉴方法等基础知识，为后续的学习打下坚实的基础。

　　"葡萄酒"模块详细介绍葡萄酒的酿造工艺、品鉴技巧等内容，让读者能够领略葡萄酒的独特魅力。

　　"谷物酿造酒"模块聚焦黄酒、啤酒和清酒等谷物酿造酒的生产工艺、风格特点以及品鉴方法，帮助读者全面了解谷物酿造酒的文化内涵。

　　"蒸馏酒"模块涵盖白酒、白兰地和威士忌等蒸馏酒的种类、生产工艺、品鉴技巧等知识，让读者能够深入了解蒸馏酒的相关知识。

　　"鸡尾酒"模块介绍鸡尾酒的调制方法、创意构思以及服务技巧等方面的内容，帮助读者掌握鸡尾酒的制作与服务技能。

　　"酒吧管理"模块从酒吧经营的角度出发，介绍酒吧的设计要求、成本管理、收益管理等经营与营销知识，为酒吧管理者提供实用的管理策略和工具。

　　本书既可作为高等学校旅游管理类专业的教材，又可作为酒吧从业者、酒水爱好者的自学参考书。真诚希望本书能够帮助读者提升酒水服务技能和酒吧管理水平，为酒吧行业的发展贡献一份力量。

在编写过程中，我们力求准确、实用和前瞻，同时注重语言的通俗易懂和结构的清晰明了。希望本书能成为读者学习酒水服务与酒吧管理的良师益友，为读者的职业发展提供有力支持。

最后，我们要感谢所有为本书编写提供支持和帮助的人士，包括参与编写的专家、学者、从业者以及为本书提供图片、资料等素材的机构和个人。同时，我们也期待广大读者能够提出宝贵的意见和建议，共同推动酒水服务与酒吧管理领域的研究和实践不断向前发展。

让我们一同走进酒水服务与酒吧管理的世界，共同领略其中的魅力和乐趣吧！

编　者

2024 年 9 月

课程思政设计一览表

章节	专业传授	思政素材	实施方法与路径	思政元素
模块一	酒水概述	收集中国古代酒文化的诗词、典故，展现酒在中国历史文化中的重要地位。收集关于饮酒与健康的研究报告或案例，说明适量饮酒的益处与过量饮酒的危害。倡导健康的生活方式，如平衡饮食、适量运动等，强调健康饮酒的重要性	在讲解酒的概念、起源和发展时，穿插相关的历史文化故事，突出文化传承与自信；在介绍酒度表示法时，强调法律法规的重要性；在分析酒的分类和成分时，引导学生关注健康的生活方式	文化自信与传承，健康生活与责任意识
模块二	葡萄酒	引用古诗词中描绘葡萄酒的佳句，展现葡萄酒与中国文化的交融之美。介绍葡萄酒品鉴的基本技巧和方法，强调品鉴过程中的细致观察和品味，培养学生鉴赏美的能力。搜集葡萄酒服务过程中的礼仪规范，如开瓶、倒酒、敬酒等，展示葡萄酒服务的专业性和文化性。在介绍世界著名啤酒与产地时，帮助学生拓展国际视野，了解不同国家和地区的酒文化特色，增进对不同文化的理解和尊重	结合思政素材，通过课堂讲授的方式向学生介绍葡萄酒的历史、文化、品鉴和服务等方面的知识。组织学生进行葡萄酒品鉴实践，让他们亲自体验品鉴的过程和魅力，从而提升鉴赏能力	审美素养，职业素养与服务意识，国际交流与合作

（续表）

章节	专业传授	思政素材	实施方法与路径	思政元素
模块三	谷物酿造酒	黄酒、啤酒和清酒作为谷物酿造酒的典型代表，不仅承载着各自的酿造技艺，还蕴含着丰富的历史文化内涵。通过对这些酒类历史的讲述，引导学生认识传统酒文化的价值，激发学生文化自信与自豪感。谷物酿造酒的制作过程需要精湛的技艺和严格的工艺控制，体现了工匠精神的精益求精和追求完美的态度。通过案例讲解，让学生了解酿酒师的辛勤付出和对品质的坚守，培养学生的工匠精神和职业素养	通过PPT展示、视频播放等形式，系统介绍谷物酿造酒的历史、文化、制作工艺等方面的知识，引导学生全面认识谷物酿造酒。选取典型的谷物酿造酒品牌或企业案例，进行深入剖析，让学生了解成功品牌或企业的经营理念和市场策略，培养学生分析问题和解决问题的能力	爱国主义精神、工匠精神
模块四	蒸馏酒	通过品鉴蒸馏酒的过程，引导学生欣赏酒的颜色、香气、口感等，培养审美能力，提升生活品质。在蒸馏酒相关知识的学习过程中，鼓励学生多了解国内外相关知识，培养他们的国际竞争力	通过PPT展示和讲解蒸馏酒的相关知识，结合案例分析，引导学生进行互动讨论，深化理解。利用网络平台，如在线课程、微信公众号等，发布蒸馏酒的相关知识和最新动态，方便学生随时学习	审美素养与文化自信、国际视野
模块五	鸡尾酒	鸡尾酒作为一种混合饮料，其起源和演变过程体现了不同文化的交流与融合。通过讲述鸡尾酒的发展历程，引导学生理解文化多样性的重要性，以及如何在多元文化中保持开放与包容的态度。鸡尾酒的调制需要创新和创造力，不同的配料和调制方法可以创造出千变万化的口味和风格。由此启发学生在学习和生活中，勇于尝试新事物，发挥创造力，不断探索和创新。通过介绍鸡尾酒礼仪，引导学生了解社交礼仪的重要性，培养良好的社交习惯	选取具有代表性的鸡尾酒案例，分析其配料、口感、文化内涵等，让学生在具体案例中感受鸡尾酒的魅力和多样性。组织学生进行鸡尾酒的调制实践，让他们亲手制作鸡尾酒，体验创新和创造的乐趣，同时加深他们对鸡尾酒文化的理解。让学生分组探讨鸡尾酒文化对个人成长的启示，以及如何在日常生活中运用鸡尾酒文化中的积极元素。鼓励学生分享自己的体验和感悟，促进思想的交流和碰撞	文化融合与包容性、责任与担当

（续表）

章节	专业传授	思政素材	实施方法与路径	思政元素
模块六	酒吧管理	酒吧作为社会公共场所，其经营行为直接影响社会秩序和公共安全。通过强调酒吧管理的社会责任，引导学生理解规范经营的重要性，以及如何在经营中遵守法律法规，维护社会和谐稳定。酒吧管理需要团队之间的紧密合作和有效沟通，以确保酒吧的正常运营和顾客的满意度。由此培养学生的团队协作精神和沟通能力，让他们认识到在团队中发挥自己的作用，实现共同目标的重要性	引入典型的酒吧管理案例，分析其中的成功经验和存在的问题，引导学生深入思考，从中提取管理智慧和思政元素。组织学生进行酒吧管理的角色扮演，让他们在实际操作中体验管理的复杂性和挑战性，同时培养他们的实践能力和解决问题的能力	法治意识、职业精神、人文关怀

知识拓展二维码索引

序号	名称	二维码	页码
1	无酒精饮料		12
2	世界葡萄酒产地		26
3	啤酒的小世界		47
4	中国酒礼		68

（续表）

序号	名称	二维码	页码
5	无酒精鸡尾酒		107
6	奇特的酒吧		154

目　　录

模块一 酒水概述

学习目标

1. 了解酒的起源和发展。
2. 掌握酒度表示法，熟悉常见酒的酒度。
3. 熟悉酒的分类。

任务1 酒的起源和发展

一、酒的概念

酒，这个在我们日常生活中屡见不鲜的饮品，实际上蕴含着丰富的历史文化内涵。它不仅是一种物质的存在，还是一种情感的寄托、文化的传承以及社交的媒介。

从科学的角度来说，酒是一种含有酒精成分的饮料，通过特定的酿造或发酵工艺制成。酒精，即乙醇，是酒的主要成分，它赋予了酒独特的口感和香气。不同种类的酒，其酒精含量、口感、香气和色泽都各有特色，这主要取决于原料、酿造工艺以及存放时间等因素。

酒，自古以来就是人们庆祝、祭祀、社交的重要元素。在喜庆的场合，人们会以酒助兴，共同分享喜悦；在庄重的祭祀仪式中，酒被用来表达对神灵的敬意；在社交场合，酒则成为拉近人与人距离的桥梁。

在日常生活中，酒也扮演着重要的角色。无论是家庭聚会还是朋友聚餐，酒都是不可或缺的饮品。适量饮酒可以放松心情、缓解压力，甚至有助于促进消化和血液循环。然而，我们也必须认识到，过量饮酒可能会带来一系列的健康问题，如肝脏损伤、心血管疾病等。因此，我们应该保持理智，控制饮酒量。

古今中外，酒被赋予了英勇豪壮、高贵圣洁、风流浪漫、吉庆祥和等感情色彩。中国是世界酒文化的发源地，5000多年悠久的文明饱浸着酒的醇香。中西方酒文化是互通的，在西方，酒始终被认为是神圣和生命的化身。古今中外众多的专家学者倾其毕生心血致力于酒的研究，却很难给酒下一个完整全面的定义。作为一种深刻的社会现象，酒在不同的国家和地区有着不同的文化内涵和象征。

二、酒的起源

人类饮用含酒精饮料的历史由来已久，但酒究竟起源于何时是一个有趣而又复杂的问题。有一点可以肯定的是，酒先于人类就客观存在，原始野生的孢子附着在成熟的野生谷物、果实上，经过原始的发酵作用便会酝酿成熟的酒液。然而，没有任何典籍明确记载发酵作用是如何发现的，因此，酒不是某个人发明的，关于酒的起源仅限于种种假说，人类开始酿酒的历史也只能从考古发现中去推断。

有人说，文化是从酒里"酿"出来的，这话虽然有些夸张，但也不无道理，历史学家公认的文明发源地如古巴比伦、古埃及等，其酒的发明都在文字出现之前，古代中国也是如此。

中国是世界上最早酿酒的国家之一。据考证，远在上古时期中国就出现了酒，但这种酒液大多是自然生成的。中国自古就有"猿猴造酒"的传说，说的是生活在山林中的猿猴将吃剩的野果集中堆放起来，成熟的野果由于附在果皮上的酵母菌等微生物的作用自然发酵，便酝酿成了原始的酒。明朝文人李日华在《紫桃轩杂缀·蓬栊夜话》中有这样的描述："黄山多猿猱，春夏采花果于石洼中，酝酿成酒，香气溢发，闻数百步。"这表明猿猴能够将杂果采集起来酿造美酒。猿猴尚能如此，更何况人类呢？欧洲也有"鸟类衔食造酒于巢中"之说。人类从大自然的千变万化中获取了酿酒的灵感，酿酒有着与人类文明一样悠久的历史。

（一）中国酒起源

1. 公元前26世纪"三皇""五帝"说

根据中华古老医书《黄帝内经·素问》中关于"醴酪"的记载，推断在公元前26世纪，中国就已经有了酒，"醴酪"也成为早期酒的代名词。

2. 公元前21世纪"仪狄作酒"之说

《战国策·魏策》中有比较明确和详细的记载："昔者，帝女令仪狄作酒而美，进之禹，禹饮而甘之，遂疏仪狄，绝旨酒，曰：'后世必有以酒亡其国者'。"这说明在夏朝已有了酒，而且当时的酒味美而甘。同时禹还警示后人，滥饮无度会导致亡国。这表明中国不但远在夏朝时期有了酒，而且人们对酒形成了较为深刻的认识。

3. "杜康作酒"之说

古代先民往往会将酿酒的起源归于某位神灵的发明，并将其视为酿酒业的鼻祖或酒神，世代供奉，以至于成为一个系统的观点和民俗学的一个重要组成部分。"酒神属杜康，造酒有奇方；隔壁三家醉，开樽十里香。"在中国，人们把杜康尊称为酒的鼻祖，代代流传。杜康作酒实为秫酒，即高粱酒。为了永远纪念这位酿酒鼻祖，人们在相传其作酒之地——河南汝阳杜康村修建了酒祖殿，供奉杜康塑像，以弘扬中国传统的酒文化。

4. 劳动人民创造说

酿酒不是出自某个人的奇思妙想，而是劳动人民在长期实践中总结出来的。事实证明，酿酒方法的创造发明是一个极其漫长而复杂的积累过程。自古至今，劳动人民的辛勤劳动和智慧创造了灿烂的酒文化。中国人酿酒的起源可追溯到 5000 年以前，随着生产发展，特别是农业的发展和烹调技术的进步，人们从野生果物和谷物的自然发酵中得到启发，开始掌握酿酒技术。

(二) 西方酒起源

西方最早出现文明之光的区域是底格里斯河和幼发拉底河冲积而成的美索不达米亚平原，简称苏美尔。这里也成为世界酿酒技术和酒文化的重要发源地之一。

1. 西方谷酒之父——啤酒

早在公元前 7000 多年前，苏美尔人的酿酒技术已经比较成熟了，他们用大麦、小麦、黑麦等发酵制成原始的啤酒。公元前 3000 年以后，古埃及人便从苏美尔人那里学会了酿制啤酒的技术，并开始盛行饮用啤酒，当时古埃及人称啤酒为"海克""热喜姆"，通常称为麦酒。公元前 48 年，古罗马恺撒大帝率兵进入埃及亚历山大城，之后军中的日耳曼人和罗马人将啤酒酿制技术带入欧洲。以后，尤其是在中世纪漫长的岁月中，伴随着日耳曼人在欧洲大陆纵横驰骋，以及和欧洲各地土著居民的融合，日耳曼人始终和啤酒联系在一起，并使现在的德国成为世界上最著名的"啤酒王国"。

2. 西方果酒之父——葡萄酒

葡萄是人类最早种植的植物之一，外高加索地区的土耳其、叙利亚、黎巴嫩考古发现了约公元前 8000 年新石器时代的野生葡萄种子，并在叙利亚的大马士革发现了同时代的葡萄压榨器，表明公元前 8000 年该地区酿制葡萄酒风气渐起。历史进程表明，一种文明的起源和发展，会以发源地为中心而繁荣并传播蔓延。大约公元前 6000 年，外高加索地区开始种植葡萄并酿制葡萄酒，因此可以较为肯定地说，葡萄酒的起源地位于黑海南部、横跨高加索地区，特别是外高加索地区最有可能是葡萄种植和葡萄酿酒的发源地，从那里开始，有关葡萄酒的文明延伸到地中海东部并传播至整个中东地区。葡萄酒文明，从起源到发展的历程，始终活跃于欧亚大陆的交界地带，奠定了葡萄酒文明在西方酒文化中的核心地位，这对西方历史、宗教、文化、艺术的发展产生了深远的影响。麝香葡萄和西拉葡萄被认为是现今葡萄最古老的祖先，它们的名字和发音也佐证了有组织的葡萄种植和葡萄酿酒起源于中东地区。

3. 西方酒神

在古希腊神话中，酒神名为狄俄尼索斯（Dionysus），酒神的形象为娇弱裸体的男青年，容貌英俊美丽。而在某些戏剧、绘画等艺术作品中，酒神被刻画成放纵恣意的形象，常青藤的花冠、松果形的图尔索斯杖、坎撒洛斯双柄酒杯和葡萄是酒神最典型的形象特征。古希腊人和古罗马人对酒神十分崇拜，他们笃信狄俄尼索斯发现并向人们传授了栽种葡萄的技术，并酿成了葡萄美酒。从公元前 6 世纪开始，酒神祭典盛行于古希腊，每年12月到翌年3—4月，当葡萄大获丰收、新酒上市时，古希腊各地便将酒神祭典的活动推向高潮，祭司吟唱赞美诗，对酒神进行礼拜，献上新酿的葡萄酒；民众纵饮狂欢，通宵达旦，以祈求降魔驱邪，来年土地肥沃、风调雨顺。在雅典，酒神祭典期间会在卫城南边的酒神剧院进行盛大的祭祀典礼和戏剧比赛。酒神堪称西方文艺精神之典范，他象征了西方文化中自然、柔美、狂放的特质，而酒神祭典则开创了西方诗歌、戏剧、绘画等艺术形式的先河。

总之，由于原始的野生孢子和野生作物的发酵作用而产生了酒精，酒这一大自然神工之作，先于人类就客观存在了。在旧石器时代，由于生存环境恶劣，技术条件不足，食物来源贫乏，因此，人们采集的野生植物没有任何剩余。进入新石器时代后，作物的栽培和传播成为必然，如起源于中东地区的大麦、小麦、燕麦、裸麦、葡萄等作物，起源于中国的高粱、稻、黍等作物，起源于美洲的玉米、马铃薯等作物，在成功培植的基础上进行了大规模的种植，并从中心发源地逐渐向外传播扩散，为谷类原料酒、果类原料酒、果杂类原料酒酿造技术的开创和酿造工艺的进一步发展奠定了物质基础。从开始饮酒、酿酒，发展到使用专门的酒器，经历了相当漫长的历史过程。到新石器时代末期，制陶工艺和技术有了较大进步，人们开始建造窑并为陶器上釉，用上釉的陶器来贮存酒类，可起到密封作用，防止渗漏和蒸发。事实证明，人类的祖先从大自然中受到启发，开创了酿酒的先河，经过长期的探索、实践和总结，人类终于完善了酿酒技术，创造了灿烂辉煌、生生不息的世界酒文化。

三、酒的发展

发明创造是人类的天性，文明世界是在改造自然的过程中形成的。人类对酒的认识经历了漫长的岁月。当人类社会由原始的食物采集时期过渡到农耕时代后，劳动技术的进步、粮食作物的剩余、人口种族的定居等因素促成了酿酒时代的到来，从原先的关于酒的生活观察和体验逐步发展到有意识的人工酿酒，并在反复实践中总结形成了有关酿酒的经验和技术，例如单式发酵酿酒法最早出现在古埃及和两河流域，复式发酵酿酒法是中国古代先民的一项伟大发明。随着人类文明和社会经济的发展，每个时代科学技术的进步都给酿酒工艺的改良和深化提供了新的契机，酿酒技术的普及、饮酒风尚的盛行、社会分工的细化，最终导致酿酒业的确立。从文化角度分析，世界文明的发源地无一例外地与酒结下了不解之缘，成为孕育美酒的摇篮，并赋予酒自然原始的精神内涵。文化联结和商业联结的双重性促进酒在世界范围内传播和扩张，并在应用和创造的过程中，衍生出政治、经济、宗教、哲学、艺术等象征含义。透视东西方多姿多彩的酒文化内涵，可以发现世界各民族的智慧和灵感凝聚成了显著的酒文化轨迹，最终融合成为有机的整体。

从酿酒工艺和科学发展的层面分析，酒的分类体系及其饮用范围，在公元395—1500年已基本定型。随着科学技术的进步、人文精神的传播和优胜劣汰的竞争，酿酒领域发生了巨大变化，传统经验型的酿酒工艺逐步被注重科学实践型的酿酒工艺所取代，两者最终融为一体。与此同时，以酒为载体的包罗万象的酒文化也渗透于世界的各个角落。

中国作为酒文化的发源地之一，为世界酿酒业做出了杰出的贡献。中国在继承和发扬本民族传统酿酒工艺精华的同时，从不排斥对外来酒文化的吸收，西汉时期张骞出使西域，通过古老的丝绸之路从西域引进了葡萄栽培和酿制技术。但由于中国传统用曲发酵工艺的限制，葡萄酒的酿制长期得不到较好的发展，未实现质的突破。直到1892年，华侨张弼士先生在山东烟台开辟了大面积的葡萄种植园，从法国、意大利引进优质的葡萄品种、先进的酿酒设备，开创了中国本土葡萄酒产业的先河，通过几代人不懈的努力，张裕集团旗下的葡萄酒、白兰地等品牌已跻身世界著名品牌，张裕集团也成为如今亚洲地区最大的葡萄酒公司。1903年，英国和德国的商人合资在青岛开办了酿酒公司，优质的崂山泉水、历史悠久的德国酿造技术在这里汇合，由此诞生了驰名世界的啤酒品牌——青岛啤酒。青岛啤酒是国内啤酒业效仿的典范。

酒是世界各民族共同创造的硕果，是人类智慧的结晶，在酒被认识、应用的过程中，世界各民族打造了各具历史背景和时代特色的酒文化。多源头、多走向、多元化是酒文化发展的趋势。虽然酒在发展和传播的过程中曾遭遇过冲突和挫折，但在人类创造文明和新世界的动力驱使下，酿酒技术的革命从未停止，酒在人类社会的经济和文化生活中发挥着重要的影响力。如今，蓬勃发展的中国酿酒业为国民经济进步和人民生活水平提高做出了巨大贡献，但同样也面临新观念、新技术的挑战。世界经济一体化格局的形成，使中国正逐步成为西方酒品最大的销售市场和消费市场，餐饮业的繁荣、中西方酒文化的有机结合、城市酒吧文化圈的崛起，使得酒品的消费和饮用潮流凸显健康时尚特性。酒品销售市场激烈的竞争，促使酒类生产企业加速研制新产品，并注重实施适合市场经济发展的营销策略。20世纪80年代以来，中国酿酒业进一步开拓国际市场，兴建了一大批中外合资、合作企业。世界著名的酿酒集团和洋酒经销公司几乎都在中国设立了办事机构，先进工艺和传统经验结合，产生了诸多国产的世界著名品牌。目前，中国酿酒业正在加速进行"四个转变"，即蒸馏酒向酿造酒转变、粮食酒向果实酒转变、高度酒向低度酒转变、低质酒向高质酒转变。酒的发展确立了一个全新的起点，与此相伴的中国酒文化掀开了新的一页。

任务 2　酒度

一、酒度

酒度，又称为酒精度，它表示的是酒中乙醇（即酒精）的体积百分比。这是评价酒类的一个重要指标，它直接反映了酒的浓度和烈度。例如，一瓶标注为50度的白酒，意味着这瓶酒中乙醇的含量占总体积的 50%。

二、计量表示法

1. 容量百分比（Percent Volume）

在酒度计算中，容量百分比是一个核心概念，它指的是酒中纯乙醇（酒精）所占的体积百分比。具体来说，容量百分比是通过将酒中纯乙醇的体积除以总体积，然后乘以 100 得到的。这个百分比能够直观地反映酒的浓度和烈度，是评价酒类品质的重要指标之一。容量百分比的计算通常是在特定温度条件下进行的，因为乙醇的溶解度会受到温度的影响。例如，在中国，酒度的检测通常是在温度 20 ℃时进行的，以确保测量结果的准确性和一致性，以"% by vol."或"V/V%"表示。

2. 重量百分比（Percent Weight）

在酒度计算中，重量百分比是指酒中纯乙醇（酒精）的质量占总体质量的百分比。具体来说，它是通过计算酒中乙醇的质量与总体质量的比值，并将结果乘以 100 得到的。这种表示法可以帮助我们更准确地了解酒中乙醇的含量，从而评估酒的浓度和烈度，以"by wgt"或"W/W%"表示。

重量百分比和容量百分比在酒度计算中都是重要的指标，但它们所侧重的是不同的物理量。容量百分比关注的是乙醇的体积占比，而重量百分比则关注的是乙醇的质量占比。因此，在特定的应用场景下，我们可能会选择使用其中一种或两种百分比来表示酒度。

酒度只是衡量酒类的一个方面，它并不能完全代表酒的品质和口感。在品鉴酒时，我们还需要综合考虑酒的香气、口感、色泽等多方面因素。因此，在了解酒度的同时，还应更加注重酒类知识的全面学习和品鉴能力的提升。

三、不同国家和地区的酒度表示法

1. 标准酒度（Alcohol by Volume）

标准酒度是法国著名化学家盖·吕萨克（Gay Lussac）发明的，它是指在室温 20 ℃条件下，100 毫升酒液中含有乙醇的毫升数。标准酒度表示法简易明了，被广泛采用，通常以百分比表示，或简写为 GL。

2. 英制酒度（Degrees of Proof UK）

英制酒度是 18 世纪英国人克拉克（Clark）创造的一种酒度计算方法，它和美制酒度一样用酒精纯度来表示，1 个酒精纯度相当于 1.75% 的酒精含量，即标准酒度的 1.75 倍。

3. 美制酒度（Degrees of Proof US）

美制酒度用酒精纯度（Proof）表示，1 个酒精纯度相当于 2% 的酒精含量，即可认为是标准酒度的 2 倍。英制酒度和美制酒度以"酒精纯度"为单位，它们的使用比标准酒度都要早。酒度之间的换算关系为：标准酒度×1.75＝英制酒度；标准酒度×2＝美制酒度；英制酒度×8/7＝美制酒度。

中国酒的酒度表示方法基本采用标准酒度法，规定在 20 ℃时，每 100 ml 酒液中含纯酒精 1 ml（即 1），叫 1 度，例如著名的西凤酒为 52 度，也就是每 100 ml 20 ℃的酒液中含 52 ml 纯酒精；长城干红葡萄酒为 12.5 度，即每 100 ml 20 ℃的酒液中含纯酒精 12.5 ml。

啤酒是所有酒类中含酒精成分最低的一类酒，但是啤酒中的纯酒精含量计算方法与别的酒不同，它不是按容量百分比计算，而是按重量百分比计算，一般为 2～7.5，即每升酒液中含纯酒精 20～75 克。啤酒酒标上常注明"7°"或"11°"等，这里的"度"不是纯酒精含量，而是酒精中含有的原麦汁浓度重量百分比。

酒液中所含酒精量可以用酒精计（酒精表）来测定。酒精计又称酒精比重计，它是根据酒的度数因比重不同而变化的原理设计的，因为酒的比重不同，浮体沉入酒液中的部分也不相同，酒的度数越高，比重越小，酒精计下沉也越深；相反，酒度越低，下沉越浅。但使用酒精计测量酒度时必须使酒液保持在 20 ℃的状况下，否则就应将不同温度下测试的酒度与"酒精计温度浓度换算表"对照，查出 20 ℃的酒度作为实际酒度。表 1－1 是常见洋酒的酒精含量，表 1－2 是常见国产酒的酒精含量。

表 1－1　常见洋酒的酒精含量

酒名	酒精含量（度）	酒 名	酒精含量（度）
威士忌（Whisky）	约 45	樱桃白兰地（Cherry Brandy）	28～35
白兰地（Brandy）	约 45	桃子白兰地（Peach Brandy）	32～40
金酒（Gin）	约 45	可可甜酒（Cream de Cacao）	25～27
朗姆酒（Rum）	约 45	波尔多葡萄酒（Bordeaux）	7～15
伏特加（Vodka）	40～50	香槟酒（Champagne）	11～14
特基拉（Tequila）	约 45	波特酒（Port）	约 20
樱桃利口酒（Maraschino）	27～30	雪莉酒（Sherry）	约 20
薄荷酒（Peppermint）	27～30	味美思（Vermouth）	19
杏仁白兰地（Apricot Brandy）	32～40	啤酒（Beer）	4～8

表 1－2　常见国产酒的酒精含量

酒名	酒精含量（度）	酒名	酒精含量（度）
茅台酒	53、52	董酒	58
汾酒	65、53	西凤酒	65、55、52
五粮液	60、52、39	泸州老窖特曲	60、52、38

（续表）

酒名	酒精含量（度）	酒名	酒精含量（度）
洋河大曲	55、48、38	全兴大曲	60、52、38
剑南春	60、52、38	双沟大曲	53、46、39
古井贡酒	60、55、38	郎 酒	53、39

任务 3　酒的分类

随着酿酒工艺科学的发展完善，酒的分类体系按照酒系→酒类→酒种→酒品的走向日益细化，酒的分类方法和标准也各不相同。例如，按照生产工艺，酒可分为酿造酒、蒸馏酒、配制酒等；按照生产原料，酒可分为谷类酒、果类酒、香料酒、草药酒、奶蛋酒、蜂蜜酒、植物浆液酒、混合酒等。此外，也可根据酒的产地、颜色、含糖量、状态、饮用方式等特性进行分类。

世界上比较规范的分类方法是按照生产工艺将酒分为酿造酒、蒸馏酒和配制酒三大酒系，每个酒系又以生产原料细分为具体的酒类和酒品。

一、酿造酒

酿造酒，又称原汁、发酵酒，它是以富含糖质、淀粉质的果类、谷类等为主要原料，添加霉菌、酵母菌，经糖化、发酵而产生的含有酒精的饮料。其生产工艺过程包括糖化、发酵、过滤、杀菌、贮存、调配等。酿造酒的特点是酒精含量较低，酒精度一般在20%以下，营养丰富，佐餐性较强。酿造酒的主要原料是谷物和水果，其特点是含酒精量低，属于低度酒，例如用谷物酿造的啤酒一般酒精含量为3%～8%，果类的葡萄酒酒精含量为8%～14%。根据生产原料的不同，其可分为谷类酿造酒、果类酿造酒和其他酿造酒。

（一）谷类酿造酒

谷类酿造酒是以含淀粉质的大麦、小麦、大米、玉米、高粱、黍等为主要原料糖化发酵而形成的酒品，主要分为啤酒、黄酒和清酒三大类。啤酒是营养十分丰富的清凉饮料，素有"液体面包"之称，其主要生产原料是大麦。生产方法有上发酵和下发酵两种。黄酒是中国特有的酿造种类。我国劳动人民在长期的辛勤劳动中积累了丰富的酿酒经验，创造了独特的黄酒酿造工艺。黄酒是以粮食（主要是大米和黍米）为原料，通过真菌、酵母和细菌的共同作用酿造的一种低度压榨酒。清酒是以大米与天然矿泉水为原料，经过制曲、制酒母、酿造等工序，通过复合发酵，酿造出酒精度为18左右的酒醪，之后加入石灰使其沉淀，经过压榨制成的原酒。

（二）果类酿造酒

果类酿造酒是以富含糖分的果实为原料酿造而成的酒品，在果类酿造酒中以葡萄酒最具有典型性。根据国际葡萄与葡萄酒组织（OIV）1978 年的规定，将葡萄酒分为葡萄酒和特殊葡萄酒。葡萄酒的分类方法很多，主要有以下几种：

（1）按葡萄酒的色泽分类：红葡萄酒（Red Wine）、白葡萄酒（White Wine）、玫瑰红葡萄酒（Rose Wine）。

（2）按葡萄酒的含糖量分类（1996 年规定）：干葡萄酒（Dry Wine）、半干葡萄酒（Semi-Dry Wine），半甜葡萄酒（Semi-Sweet Wine）、甜葡萄酒（Sweet Wine）。

（3）按葡萄酒的含汽状态分类：静态葡萄酒（Stilled Wine）、起泡葡萄酒（Sparkling Wine）。

（4）按葡萄酒的特殊生产工艺分类：强化葡萄酒（Fortified Wine）、加香葡萄酒（Flavored Wine）

（5）其他分类方法：

① 按饮用时间，可分为餐前葡萄酒、佐餐葡萄酒和餐后葡萄酒。

② 按所用葡萄，可分为单品种葡萄酿制的葡萄酒和多品种葡萄酿制的葡萄酒。

③ 按葡萄的来源，可分为家葡萄酒和山（野）葡萄酒。

④ 按生产年份，可分为年份葡萄酒和无年份葡萄酒。

⑤ 按葡萄汁含量，可分为半汁葡萄酒和全汁葡萄酒。

⑥ 按葡萄酒品质，可分为调配葡萄酒、普通葡萄酒和高级葡萄酒。

除葡萄酒之外，用其他水果酿造的酒，必须注明水果的名称以区别于葡萄酒，或用专用名词表示，例如苹果酒（Cider）、樱桃酒（Cherry Wine）、草莓酒（Stawberry Wine）、橙酒（Orange Wine）等。

（三）其他酿造酒

其他酿造酒，例如以牛、马、羊等动物乳汁或蜂蜜为原料酿制成的酿造酒。

二、蒸馏酒

凡以糖质或淀粉为原料，经糖化、发酵、一次或多次蒸馏提取的高酒精含量的酒品为蒸馏酒。世界上蒸馏酒有很多，比较典型的有白兰地、威士忌、金酒、伏特加、朗姆酒、特基拉酒、中国白酒、日本烧酒等。根据生产原料的不同，其可分为谷物蒸馏酒、果类蒸馏酒、果杂类蒸馏酒和其他类蒸馏酒。

（一）谷物蒸馏酒

（1）威士忌（Whisky）。国际上习惯将威士忌按产地分为四类，即苏格兰威士忌、爱尔兰威士忌、美国威士忌（又称波旁威士忌）和加拿大威士忌（又称黑麦威士忌）。

（2）金酒（Gin）。金酒又称杜松子酒，原产于荷兰，目前比较流行的酒品有荷兰金酒和英国伦敦干金酒两种。

（3）伏特加（Vodka）。伏特加一般是以马铃薯或玉米、大麦、黑麦等为原料生产的精馏酒精，经活性炭处理，兑水稀释而成，酒精含量为45%左右，以东欧为主要产地。

（4）中国白酒。中国白酒名品众多，风格多样，一般有以下几种分类方法：

① 按香型和质量特点分为酱香型、浓香型、清香型、米香型、兼香型。

② 按生产工艺分为固态发酵白酒、液态发酵白酒、固液勾兑白酒。

③ 按原料分为粮食酒（玉米、高粱、麦类、稻米等）、薯类白酒（鲜白薯干、白薯干）、代用品白酒（玉米糠、高粱糠、粉渣等）。

④ 按使用酒曲的种类分为大曲白酒、小曲白酒、大小曲混合白酒、麸曲白酒。

⑤ 按酒精含量分为高度白酒（50度以上）、中度白酒（40～50度）、低度白酒（40度以下）。

（5）其他谷物蒸馏酒：

① 阿夸维特酒（Aquavit）：是以马铃薯和谷物为主要原料，通过麦芽糖化、发酵，然后进行蒸馏，最后以香草等提香的蒸馏酒，为北欧挪威、丹麦、瑞典等国的传统谷物蒸馏酒。

② 科伦酒（Korn）：为德国特有的谷物蒸馏酒，原料为黑麦、小麦、混合谷物等。德国把这种酒称为Kornbrand（意为"用谷物制造的白兰地"），简称为Korn。此外，德国将类似科伦酒的蒸馏酒称为修那普斯（Schnapps）。

③ 俄克莱豪（Okolehao）：该酒是夏威夷的特产酒，是以芋头（当地称为Ti）为原料而制成的蒸馏酒，简称为欧凯（Oke）。夏威夷当地人一般会直接饮用，但更流行的饮用方式是在俄克莱豪酒中兑入可乐或橙汁一起饮用。

（二）果类蒸馏酒

白兰地是对果类蒸馏酒的总称，但就其典型性和代表性而言，白兰地往往是葡萄白兰地的代名词，其他果类蒸馏酒的命名则在白兰地前冠以水果名，或以专有名称指示。除葡萄白兰地外，其他水果如苹果、梨、桃子、草莓、杏、李子、樱桃等均可制造白兰地，各具风格。水果白兰地中著名的酒品有樱桃白兰地、黄李白兰地、木莓（即覆盆子）白兰地、西洋梨白兰地等。

（三）果杂类蒸馏酒

果杂类蒸馏酒主要是以植物的根、茎、花、叶等作为原料，经糖化、发酵、蒸馏等工艺而成的蒸馏酒，主要的酒品有朗姆酒、特基拉酒等。此外，以龙胆根为原料制成的蒸馏酒也较为著名，瑞士的Aveze、德国的Gentiane Germain以及法国的Suze都是较为著名的龙胆蒸馏酒。

（四）其他类蒸馏酒

有些蒸馏酒虽然生产工艺与上述几种相同，但由于制酒原料独特和酒种稀少等原因，无法将其归入以上几类，故单独列为其他类蒸馏酒，习惯用阿拉克（Arrack/Arak）作为这类酒的总称，其语源可能来自阿拉伯语中的 Araq（果汁）。

最初的蒸馏酒工艺始于阿拉伯，是用椰枣的果汁发酵蒸馏而成。以后随着蒸馏技术的传播，人们才开始尝试用多种原料制造蒸馏酒。目前，被称为 Arak 的蒸馏酒仍为西亚、东南亚、南美等地居民传统酿制，例如中东的椰枣酒、南美的花酒以及热带海洋地区的椰子酒等。

三、配制酒

混配酒即混合配制酒，包括配制酒和混合酒两大体系。配制酒的诞生比其他单一的酒品要晚，但由于它更接近消费者的口味和爱好，因而发展较快。配制酒的酒基可以是原汁酒，也可以是蒸馏酒，还可以两者兼而有之。混合酒是一种由多种饮料混合而成的新型饮料，主要代表是鸡尾酒。配制酒种类繁多，风格万千，分类体系较为复杂，世界上较为流行的是将配制酒分为三类，即开胃酒、甜食酒和利口酒。

（一）开胃酒

常见的开胃酒包括味美思（Vermouth）、茴香酒（Anises）和比特酒（Bitter）。味美思主要以葡萄酒作为酒基，葡萄酒含量占 80%，其他成分是各种香料，因此酒中有强烈的草本植物味道。它最初在法国酿造，随后意大利、美国等也相继生产。茴香酒是用茴香油与食用酒精或蒸馏酒配制而成的酒，有无色和染色两种，一般酒度为 25°左右。茴香酒以法国生产的酒品较为有名，目前较为有名的茴香酒为潘诺（Pernod）。

（二）甜食酒

甜食酒又称餐后酒，是在西餐中佐助甜品的饮品，口味较甜，主要以葡萄酒作为酒基进行配制。著名的甜食酒产地主要集中在南欧，如葡萄牙的波特酒（Port）、西班牙的雪莉酒（Sherry）、葡萄牙的马德拉酒（Madeira）、西班牙的马拉加酒（Malaga）、意大利的马尔萨拉酒（Marsala）等。

波特酒是葡萄牙的国宝，是用葡萄原汁酒与葡萄蒸馏酒勾兑而成的配制酒品。主要有红、白波特酒，分为瓶装陈酿波特酒（Vintage）和桶装陈酿波特酒（Wood Pont）两种。雪莉酒主要产于西班牙的加的斯地区，最受英国人喜爱。它是以加的斯所产葡萄酒为酒基，勾兑当地的葡萄蒸馏酒而成，一般分为两种：菲奴（Fimo）和奥鲁罗索Oloroso）。

马德拉酒产于大西洋的马德拉岛上，是以当地产的葡萄酒和葡萄烧酒为基本原料勾兑而成。马德拉酒是深受人们喜爱的上等甜食酒品，也是很好的开胃酒，酒精含量为 16～18 度。

马拉加酒产于西班牙安达卢西亚的马拉加地区，生产方法与波特酒相似。马拉加酒的种类较多，常根据色泽和酸甜程度来进行分类，如白干、干甜、甜型马拉加等。

马尔萨拉酒产于意大利西西里岛西北部的马尔萨拉一带，是用葡萄酒与葡萄蒸馏酒兑成的配制酒，最适合做甜食酒和开胃酒。

（三）利口酒

利口酒又称香甜酒，是以食用酒精或蒸馏酒为酒基，加入各种调香物品配制而成。利口酒分类体系庞大复杂，通常按配制原料分为水果类、种子类、果皮类、香草类和乳脂类等。利口酒色彩缤纷、口味香甜、充满韵味，是西餐宴会餐后甜酒的最佳选择。它改变和创造了鸡尾酒的风格，赋予其诗情画意的辅料和配料。此外，利口酒还可以用于西餐烹调、烘烤，配制冰激凌、布丁以及众多巧克力等。

鸡尾酒是混合酒类的典型，是色、香、味、形、意俱佳的酒品，因鸡尾酒的制作以酒品之间一般的调配为主，所以不能称为生产工艺。鸡尾酒是风靡现代生活的时尚饮品。它的世界多姿多彩，争奇斗艳，包含了人类最美好的情感和丰富的想象。鸡尾酒的发展历程虽短，但在传统和创新有机融合的动力驱使下，充满生机和活力。

复习与思考

1. 如何理解酒是天然的产物？
2. 简述酒的含义与酒度表示法。
3. 酒的效用有哪些？

知识拓展　无酒精饮料

模块二　葡萄酒

学习目标

1. 掌握葡萄酒的基本概念和分类，了解不同种类葡萄酒的特点和区别。

2. 熟悉葡萄酒的品鉴方法和技巧，包括观察色泽、闻香、品味等步骤。

3. 学习葡萄酒的保存方法和饮用礼仪，提升葡萄酒品鉴的综合素质。

4. 培养学生运用所学知识分析葡萄酒品质的能力，能够辨别不同品种、不同产区的葡萄酒特点。

5. 锻炼学生的葡萄酒搭配能力，能够根据不同场合和菜品选择合适的葡萄酒。

任务 1　葡萄酒概述

一、葡萄酒的定义和分类

（一）葡萄酒的定义

葡萄酒是以新鲜葡萄或葡萄汁为原料，经部分或全部发酵酿制而成的、含有一定酒精度的发酵酒。按颜色分，葡萄酒可分为白葡萄酒、红葡萄酒和桃红葡萄酒；按含糖量分，葡萄酒可分为干葡萄酒、半干葡萄酒、半甜葡萄酒和甜葡萄酒。

（二）葡萄酒的发展史

葡萄酒的起源可以追溯到新石器时代。最早的葡萄酒制作方法可从古代文明时期的文献和壁画中得到证实。最初的葡萄酒可能并非人类有意为之，而是由野生的葡萄在自然条件下经过发酵而产生。随着人类文明的发展，人们开始有意识地种植葡萄并掌握葡萄酒的酿造技术。

中世纪时期，欧洲的葡萄酒产地主要集中在法国、意大利和西班牙等国。这些地区的葡萄种植和酿造技术得到了进一步的发展，出现了许多具有地方特色的葡萄酒品种。中世纪的教会组织在葡萄酒发展中也起到了重要的作用，许多修道院拥有自己的葡萄园和酿酒作坊。图2-1为中世纪欧洲葡萄酒窖。

图2-1　中世纪欧洲葡萄酒窖

19世纪末20世纪初，欧洲移民将葡萄酒带到了美洲、南非等地。随着全球化的加速和人们生活水平的提高，葡萄酒逐渐成为世界各地人们喜爱的饮品。如今，葡萄酒产地已经遍布全球，各个国家都拥有自己的特色和品牌。

进入21世纪，随着消费者对葡萄酒品质和品种需求的增加，现代葡萄酒业开始注重品质的提升和创新。技术的进步也使得葡萄酒的酿造更加精细和高效，例如智能酿酒和数字化技术的应用，使得葡萄酒的生产和营销更加现代化和个性化。

（三）葡萄酒的分类

葡萄酒根据颜色、含糖量和酿造方法分为不同的类型。

1. 根据颜色分类

葡萄酒根据颜色分为红葡萄酒、白葡萄酒和桃红葡萄酒三大类。

红葡萄酒：红葡萄酒（图2-2）是由红葡萄带皮发酵而成的。在发酵过程中，葡萄皮中的色素和单宁会被释放出来，使得红葡萄酒具有独特的色泽和口感。根据酿造方法和产地的不同，红葡萄酒又分为多种类型，如赤霞珠、梅洛、黑比诺等。

图2-2　红葡萄酒

白葡萄酒：白葡萄酒（图2-3）是由白葡萄或红葡萄去皮发酵而成的。与红葡萄酒相比，白葡萄酒的口感更加清爽，酸度更高，适合与海鲜、家禽等食材搭配。根据酿造方法和产地的不同，白葡萄酒又分为多种类型，如雷司令、霞多丽、赛美蓉等。

图2-3　白葡萄酒

桃红葡萄酒：桃红葡萄酒（图2-4）是介于红葡萄酒和白葡萄酒之间的一个品种，通常是由红葡萄短暂浸皮发酵而成。其色泽从淡粉红色到橙红色不等，口感偏甜，适合作为开胃酒或配餐酒。

图2-4　桃红葡萄酒

2. 根据含糖量分类

根据含糖量的不同，葡萄酒可以分为干型、半干型、半甜型和甜型四类。

干型葡萄酒：其含糖量低于 4 g/L，品尝时几乎感觉不到甜味，主要呈现出洁净、幽雅、香气和谐的果香和酒香。例如，干白葡萄酒、干红葡萄酒和干桃红葡萄酒都属于这一类型。

半干型葡萄酒：其含糖量为 4～12 g/L，品尝时带有微甜感，口感洁净、幽雅，味觉圆润，同时散发出和谐愉悦的果香和酒香。半干白葡萄酒、半干红葡萄酒和半干桃红葡萄酒是这一类型的代表。

半甜型葡萄酒：其含糖量为 12～50 g/L，品尝时能感受到明显的甘甜、爽顺感，这一类型的葡萄酒中，半甜白比较多。

甜型葡萄酒：其含糖量大于 50 g/L，品尝时有显著的甜醉感。冰酒、贵腐甜白葡萄酒、波特酒和麦秆酒都属于甜型葡萄酒的范畴。

此外，根据我国对葡萄酒的分类，普通甜葡萄酒的含糖量为 4%～14%，而特浓甜葡萄酒的含糖量则超过 14%。

这些分类有助于消费者根据自己的口味和需求选择合适的葡萄酒类型。同时，了解葡萄酒的含糖量也有助于控制饮酒量，保持健康的生活方式。在享受葡萄酒带来的美妙口感时，也应注意适量饮用，避免过量摄入酒精。

3. 根据酿造方法分类

天然葡萄酒：完全采用葡萄原料进行发酵，发酵过程中不添加糖分和酒精。这类葡萄酒通过提高原料含糖量来提高成品酒精含量及控制残余糖量，保持了葡萄本身的原汁原味。

加强葡萄酒：发酵成原酒后用添加白兰地或脱臭酒精的方法来提高酒精含量，称为加强干葡萄酒。若同时加白兰地或酒精与糖，以提高酒精含量和糖度，则称为加强甜葡萄酒，在我国常被称为浓甜葡萄酒。

加香葡萄酒：一种是采用葡萄原酒浸泡芳香植物，再经调配制成，属于开胃型葡萄酒，如味美思、丁香葡萄酒、桂花陈酒等。另一种则是采用葡萄原酒浸泡药材，精心调配而成，属于滋补型葡萄酒，如人参葡萄酒。

葡萄蒸馏酒：采用优良品种葡萄原酒蒸馏，或发酵后经压榨的葡萄皮渣蒸馏，或由葡萄浆经葡萄汁分离机分离得的皮渣加糖水发酵后蒸馏而得。这类酒若再经细心调配，则称为白兰地；若不经调配，则称为葡萄烧酒。

每一类葡萄酒都有其独特的风味和特点，适合不同的场合和口味需求。了解这些分类有助于消费者更好地选择和品鉴葡萄酒，享受葡萄酒带来的美妙体验。同时，酿造方法的差异也体现了葡萄酒文化的丰富性和多样性。

二、葡萄酒的成分

葡萄酒是一种由葡萄发酵而成的饮品，其成分非常复杂，包含了许多不同的物质。

以下是葡萄酒的主要成分及其作用：

1. 水

葡萄酒中含有的水分主要来自葡萄本身，水在葡萄酒中起到了稀释和调节口感的作用。

2. 酒精

酒精是葡萄酒中最重要的成分，其含量通常为 8％～15％。酒精是由葡萄中的糖分经过发酵转化而成的。

3. 糖分

葡萄中含有天然糖分，这些糖分在发酵过程中部分转化为酒精，剩余的糖分则保留在葡萄酒中。残糖的含量对葡萄酒的口感和风格有重要影响。

4. 酸度

葡萄酒中的酸度主要由苹果酸和柠檬酸等有机酸组成，这些有机酸在葡萄发酵过程中产生。酸度对葡萄酒的口感、稳定性和保存具有重要作用。

5. 酚类物质

酚类物质是葡萄酒中重要的化合物，包括花青素、黄酮类物质等。这些化合物赋予了葡萄酒独特的颜色、香气和口感，同时也具有抗氧化和抗炎等保健作用。

6. 氨基酸和蛋白质

氨基酸和蛋白质是构成葡萄酒中酵母菌的主要成分，对葡萄酒的发酵和口感具有重要作用。

7. 矿物质

葡萄酒中含有多种矿物质，如钾、钙、镁等，这些矿物质对葡萄酒的口感和稳定性具有重要作用。

8. 二氧化碳

二氧化碳是葡萄酒中另一个重要的化合物，它可以使葡萄酒具有气泡，并且可以影响葡萄酒的口感和香气。

除了上述成分外，葡萄酒中还含有多种挥发性物质和化合物，如醇类、酯类、醛类、醚类等，这些化合物决定了葡萄酒的香气、口感和风格。

总之，葡萄酒的成分非常复杂，不同成分之间相互影响、相互制约，形成了葡萄酒独特的品质和风格。因此，对酿造者来说，掌握和控制葡萄酒的成分是非常重要的。同时，对消费者来说，了解葡萄酒的成分和特点也有助于更好地欣赏和享受葡萄酒的美妙之处。

值得一提的是，随着现代酿酒技术的发展，一些新型的酿酒方法和添加剂也开始被应用于葡萄酒的酿造过程中。例如，一些新型酵母菌种可以影响葡萄酒的香气和口感；一些新型添加剂可以改善葡萄酒的颜色和稳定性；一些新型的发酵工艺可以降低葡萄酒中的酒精含量，提高葡萄酒的质量。这些新技术的应用对提高葡萄酒的品质和多样性起到了重要作用。

三、葡萄酒的酿造

葡萄酒的酿造是一个复杂而精细的过程，涉及许多因素和环节。以下是葡萄酒酿造的主要步骤和注意事项：

（一）酿造步骤

葡萄的采摘：选择成熟且健康的葡萄进行采摘，这是确保葡萄酒品质的第一步。采摘后的葡萄应迅速运送到酿酒厂，以避免葡萄的质量损害。

除梗和破碎：葡萄通过除梗机去除梗部，避免葡萄酒中出现过多的苦涩味道。然后对葡萄果实进行破碎，以便挤出葡萄皮表面的风味物质，使酒更香。

浸皮和发酵：破碎后的葡萄与葡萄汁混合在一起，进行浸皮过程，以萃取所需的颜色、单宁和风味物质。同时，酒精发酵也在此阶段进行，将葡萄汁中的糖分转化为酒精和二氧化碳。浸皮和发酵的时间取决于所酿葡萄酒的类型和风格。

压榨与分离：发酵完成后，将葡萄酒与葡萄渣分离，通常通过压榨的方式实现。

熟化：对于某些类型的葡萄酒，特别是红葡萄酒，熟化是一个重要的步骤。这通常是在橡木桶中完成的，橡木桶可以增添酒的香气，并通过细微的空隙使酒变得柔顺。

澄清、过滤与稳定：在熟化后，需要对葡萄酒进行澄清和过滤，以去除残留的固体物质和酵母沉淀，使其更加清澈。同时，为确保葡萄酒的稳定性，可能还需要进行其他处理。

装瓶：将葡萄酒装入瓶子中，准备销售和消费。

（二）注意事项

葡萄的选择：应选用新鲜、健康且无腐烂、变质的葡萄，以确保葡萄酒的品质和安全性。

清洁与卫生：在酿酒过程中，所有与葡萄接触的设备和容器都应保持清洁和卫生，以避免细菌污染。

温度控制：在发酵和熟化过程中，温度的控制至关重要。过高或过低的温度都可能影响葡萄酒的品质和口感。

酵母菌的选择：选择合适的酵母菌对葡萄酒的口感和品质有很大影响。因此，在发酵前应对酵母菌进行筛选和测试。

时间管理：葡萄酒的酿造需要时间，每个步骤都需要精确控制时间，以确保葡萄酒的品质和口感。

总之，葡萄酒的酿造是一个复杂而精细的过程，需要严格控制每个环节的质量和条件。每个步骤都对最终的葡萄酒品质和风格有着重要影响。因此，酿酒者只有具备丰富的经验和高超的技能，掌握每个环节的关键技术和注意事项，才能酿造出高品质的葡萄酒。同时，消费者在选择葡萄酒时也需要注意了解其酿造过程和品质特点，以便更好地欣赏和享受葡萄酒的美妙之处。

任务2 葡萄酒的服务与品鉴

一、杯具要求

葡萄酒的杯具对于品鉴葡萄酒的品质和风味非常重要。合适的杯具能够充分展现葡萄酒的香气、口感和特点，给品鉴者带来更好的体验。下面我们将从几个方面探讨葡萄酒的杯具要求：

(一) 材质

葡萄酒的杯具通常由水晶、玻璃或陶瓷等材料制成。这些材料具有较好的透光性和稳定性，能够保证葡萄酒的风味不受影响。其中，水晶杯和玻璃杯是最常见的选择。水晶杯（图2-5）具有更高的透光性和更强的折射效果，能够更好地展现葡萄酒的颜色和光泽，但其价格也相对较高。玻璃杯虽然价格相对较低，但同样能够满足品鉴葡萄酒的需求。陶瓷杯则主要用于中国等东亚地区的葡萄酒品尝，具有一定的地域特色。

图2-5 水晶葡萄酒杯

（二）形状

葡萄酒的杯具形状对葡萄酒的品鉴非常重要。不同形状的杯具可以影响葡萄酒的香气、口感和风味。常见的葡萄酒杯具形状有郁金香型、波尔多型、勃艮第型等。

1. 郁金香型

这种形状的杯具口小肚大，能够使葡萄酒充分接触空气，增加酒的香气和口感。这种形状的杯具适用于红葡萄酒和白葡萄酒。

2. 波尔多型

这种形状的杯具肚子较大，口略小于肚，能够让酒液在杯中停留更长时间，使酒液与空气充分接触，增加酒的香气和口感。这种形状的杯具适用于浓郁的红葡萄酒。

3. 勃艮第型

这种形状的杯具肚子更大，口更小，使得酒液更加缓慢地流出，让酒液与空气有更多的接触机会。这种形状的杯具适用于浓郁的黑比诺等红葡萄酒。

此外，还有一种适用于气泡酒的香槟杯，其形状多为细长型，能够更好地展现气泡的美感。

（三）清洁与保养

为了保持葡萄酒杯具的清洁和光泽，每次使用后应及时清洗干净。清洗时要用温水和中性洗涤剂，避免使用热水或含有研磨剂的洗涤剂，以免损坏玻璃或水晶表面。清洗后要用干净的毛巾擦干水，并存放在干燥的环境中。定期使用专用清洁剂对杯具进行深度清洗和维护，以保持其良好状态。同时也要注意避免剧烈碰撞和摔落，以免损坏杯具的形状和结构。

综上所述，对于品鉴葡萄酒来说，选择合适的杯具非常重要。合适的杯具能够充分展现葡萄酒的香气、口感和特点，给品鉴者带来更好的体验。在选择和使用葡萄酒杯具时，需要根据不同的酒种、不同的场合和个人喜好来选择合适的材质、形状和大小，并注意日常的清洁与保养。通过正确的使用和保养，可以延长葡萄酒杯具的使用寿命，让品鉴葡萄酒的过程更加美妙。

二、温度要求

葡萄酒的温度对其风味和香气的展现具有至关重要的作用。适中的温度能够使葡萄酒的口感更加平衡，香气更加丰富，从而达到更好的品鉴效果。因此，了解葡萄酒的温度要求，对品鉴者来说是十分必要的。

首先，我们需要明确葡萄酒的最佳品鉴温度。一般来说，红葡萄酒的最佳品鉴温度为 12 ℃～18 ℃，而白葡萄酒的最佳品鉴温度为 8 ℃～12 ℃。在此温度范围内，葡萄酒的口感和香气能够得到最佳的展现。

其次，我们需要注意葡萄酒的存贮温度。葡萄酒的存贮温度也是影响其品质的重要因素之一。理想的存贮温度应该维持在 10 ℃～15 ℃，同时要注意避免温度的剧烈波动，以免影响葡萄酒的品质。如果葡萄酒被长时间存放在高温环境下，会导致酒的品质下降，而如果存放在过低的温度下，则可能会使酒的口感变得生硬和酸涩。

再次，我们需要根据不同的季节和环境来调整葡萄酒的温度。在夏季，由于环境温度较高，为了使葡萄酒达到最佳品鉴温度，需要提前将葡萄酒放入冰箱中冷却。而在冬季，由于环境温度较低，为了使葡萄酒保持适当的温度，可以适当地使用保温设备来加热葡萄酒。

最后，我们需要注意葡萄酒的温度对其陈年潜力的影响。一些优质的红葡萄酒和白葡萄酒需要经过长时间的陈年才能达到最佳的品鉴效果。在陈年的过程中，葡萄酒的温度也会对其品质产生影响。因此，在陈放葡萄酒时，应该将其存放在恒温的环境中，避免温度的波动，以保持葡萄酒的品质和陈年潜力。

综上所述，葡萄酒的温度对其品鉴效果具有至关重要的影响。了解葡萄酒的温度要求，能够更好地展现其香气和口感，从而带来更加美妙的品鉴体验。同时，适当地调整葡萄酒的温度，也能够延长其陈年潜力，使葡萄酒的品质得到更好的保持。

在品鉴不同类型的葡萄酒时，还需要注意不同酒种的温度要求和特点，以便更好地掌握品鉴技巧和享受品鉴过程，详见表 2-1 所列。

表 2-1　葡萄酒最佳饮用温度

酒品	风格	最佳饮用温度
白葡萄酒或桃红葡萄酒	饱满或复杂的干白	轻微冰镇，12 ℃～16 ℃
	清爽的干白	充分冰镇，5 ℃～10 ℃
	桃红葡萄酒	轻微冰镇，6 ℃～10 ℃
红葡萄酒	酒体饱满、高单宁	酒柜温度 15 ℃～18 ℃
	中等酒体	酒柜温度 12 ℃～15 ℃
	柔顺清淡	酒柜温度 10 ℃～12 ℃
香槟或起泡酒	普通	充分冰镇，4 ℃～7 ℃
	年份	轻微冰镇，10 ℃～16 ℃
雪莉酒	干型雪莉酒	充分冰镇，5 ℃～7 ℃
	天然甜型雪莉酒	酒柜温度 12 ℃～14 ℃
	混酿雪莉酒	轻微冰镇，7 ℃～12 ℃
波特酒	白波特、红宝石波特、茶色波特、年份波特、迟装瓶年份波特	酒柜温度 10 ℃～18 ℃

三、服务要求与服务方法

（一）葡萄酒的选购与保存

1. 葡萄酒的选购

观察标签：应仔细阅读酒瓶上的标签，了解葡萄酒的产地、年份、品种和酒精度等信息。这些信息有助于初步判断葡萄酒的质量和风格。

品鉴口感：在选购葡萄酒时，可以尝试品鉴其口感。优质的葡萄酒通常具有丰富的果香、柔和的单宁和平衡的酸度。品鉴时，注意观察葡萄酒的颜色、闻其香气、品尝其口感，并留意余味的持久性。

了解酒庄与品牌：选购葡萄酒时，可以考虑一些知名酒庄或品牌。这些酒庄或品牌通常拥有悠久的历史和卓越的酿酒技艺，能够提供高品质的葡萄酒。

考虑性价比：在选购葡萄酒时，应根据自己的预算和需求选择性价比高的产品。不必一味追求高价葡萄酒，有些价格亲民的葡萄酒同样具有出色的品质。

2. 葡萄酒的保存

温度：葡萄酒应保存在恒温的环境中，最理想的温度为 12 ℃～14 ℃。避免温度波动过大，以免影响葡萄酒的品质。

湿度：适宜的湿度有助于保持葡萄酒瓶塞的湿润，防止其干裂和漏气。建议将葡萄酒保存在湿度为 60％～70％ 的环境中。

光线：葡萄酒应避免阳光直射和强烈的光线照射，以免导致葡萄酒中的化学成分发生变化。因此，应将葡萄酒存放在避光的地方，如酒柜或暗室。

摆放：葡萄酒应平放或斜放，使酒液与瓶塞接触，保持瓶塞湿润。同时，避免频繁移动葡萄酒，以免影响其品质。

长期保存：对打算长期保存的葡萄酒，可以考虑使用真空泵或惰性气体隔离法来延长其保质期。这些方法可以有效减少葡萄酒与氧气的接触，减缓氧化过程。

（二）酒具的准备与清洁

酒具的准备包括酒杯、瓶起子、酒漏斗等。酒杯应选择高脚杯，以便在服务过程中避免手温影响酒的温度。瓶起子应选用合适的型号，以便快速而容易地开瓶。酒漏斗则用于将酒倒入酒杯中，防止酒溢出。酒具在使用前应清洗干净，保持干燥。

（三）开瓶技巧与醒酒

开瓶技巧方面，首先需要准备好开瓶器。常见的开瓶器包括简易的塑料开瓶器和昂贵的不锈钢开瓶器，它们都配有一个能够钻透软木塞的螺旋钻。开瓶时，先割开瓶口的酒帽，然后用干净的软布或餐巾擦拭瓶口。接下来，用开瓶器的螺旋钻对准软木塞正中用力插入，顺时针旋转直到足够深。最后，将开瓶器的手柄或短坎部分按在瓶口，另一边向上提，就能顺利拔出软木塞。

醒酒是让葡萄酒从沉睡中苏醒过来，展现出其应有的风味和口感。醒酒的目的主要是让葡萄酒与空气接触，促进其氧化，使酒液中的沉淀物沉淀下来，同时让酒液更加清澈。对不同类型的葡萄酒，醒酒的方式和时间也有所不同。例如，年份较老的红葡萄酒、高档红葡萄酒以及密闭瓶口保存时间较长的葡萄酒通常需要较长的醒酒时间。在醒酒过程中，可以将葡萄酒倒入醒酒器或杯子中，静置一段时间，让酒液与空气充分接触。

需要注意的是，醒酒时间不宜过长，否则会使葡萄酒过度氧化，影响其品质。同时，对未达适饮温度的葡萄酒，可以通过醒酒的方式来调节温度，使其达到最佳的品鉴状态。

（四）侍酒温度与时间

不同类型的葡萄酒需要不同的侍酒温度。一般来说，红葡萄酒的侍酒温度为14 ℃～18 ℃，白葡萄酒的侍酒温度为8 ℃～12 ℃。在服务前，应将葡萄酒放入冰箱或冰桶中冷却，并在侍酒前半小时取出，以使酒温适中。此外，葡萄酒在开启后应尽快饮用，以免失去其风味和品质。

（五）倒酒技巧与分量控制

葡萄酒的倒酒技巧与分量控制是品鉴葡萄酒的重要环节，它们能够确保葡萄酒的香气和口感得到最佳展现。

在倒酒技巧方面，需要选择正确的倒酒方式。常见的倒酒方式有两种：桌斟和捧斟。桌斟是将酒杯放在餐桌上倒酒，瓶口应在杯口上方2厘米左右处，以避免发出声响。捧斟则是一手握瓶，一手将酒杯捧在手中倒酒。无论选择哪种方式，都应保持动作的优雅和流畅。

在倒酒时，还需注意倒酒的顺序。一般来说，应先给主人倒酒，然后按顺时针方向依次为其他客人倒酒。对长辈和女士，应优先倒酒以示尊重。

至于倒酒的分量，也有一定的讲究。一般来说，红葡萄酒应倒入酒杯的1/3处，以便留出足够的空间让酒液呼吸和释放香气。白葡萄酒可以倒入酒杯的2/3处，而香槟等起泡酒则可以先倒入1/3，待酒中泡沫消退后再续倒至七分满。这样的分量控制既能确保葡萄酒的口感和香气得到最佳展现，又能避免浪费。

在倒酒过程中，还需注意避免酒液滴出。当所倒入酒杯的酒量快达到要求时，可以身体稍稍远离，轻微旋转酒瓶底部，快速收瓶，避免滴酒。这是一个熟能生巧的动作，通过一段时间的练习，就能轻松掌握。

（六）佐餐搭配与品鉴

葡萄酒的佐餐搭配与品鉴是一门深奥而富有乐趣的艺术。恰当的搭配不仅可以提升美食的风味，还能凸显葡萄酒的魅力，让用餐体验更加丰富多彩。

在佐餐搭配方面，要遵循"红酒配红肉，白酒配白肉"的基本原则。这是因为红葡萄酒的单宁可以与红肉中的脂肪相结合，使口感更加柔顺；而白葡萄酒的清新酸度则可以与白肉的细腻口感相得益彰。此外，还要考虑食物的口味和烹饪方式。例如，较重的口味和浓郁的酱汁适合搭配酒体丰满的葡萄酒，而清淡的食物则适合搭配轻盈爽口的葡萄酒。

在品鉴方面，首先，观察葡萄酒的颜色、清澈度和挂杯情况，这些都可以反映出葡萄酒的品质和年份。其次，轻轻摇晃酒杯，让酒液与空气充分接触，释放更多的香气。再次，用鼻子深深吸一口气，感受葡萄酒的香气，包括果香、花香、木香等多种复杂的香气。最后，将酒液含在口中，用舌头细细品味，感受其酸度、甜度、单宁和酒精度等要素。

在品鉴过程中，还要注意葡萄酒与食物的搭配效果。一款好的葡萄酒应该能够与食物相互衬托，提升整体的口感体验。因此，在品鉴时可以尝试不同的搭配组合，找到最适合自己的搭配方式。

（七）服务流程与礼仪

1. 服务流程

备酒与展示：首先，要确保葡萄酒的温度达到最佳适饮口感。对红葡萄酒和白葡萄酒，其适宜的饮用温度是有所区别的。其次，进行葡萄酒展示（图 2-6），包括向客户确认酒款，介绍酒款名称、产地、品种及年份等。

开瓶：开瓶是服务中的重要环节，需要用专用的开瓶器将瓶塞拔出。为了避免瓶塞掉入瓶中，操作时应小心谨慎。开瓶后，应给客户确认软木塞与酒体无异样。

醒酒与斟酒：醒酒是为了让葡萄酒与空气接触，达到最佳的品鉴状态。斟酒时，要注意顺序，一般先为主人或重要客人斟酒，然后按顺时针方向进行。同时，斟酒的量也要控制得当，通常倒入酒杯的1/3～2/3处。

图 2-6　葡萄酒示酒

2. 礼仪方面

持杯：持杯时应握住杯座或杯梗，避免用手直接握住杯身，以免影响品鉴温度。

品鉴：品鉴葡萄酒时，应先闻其香，再观其色，最后品尝其味。品鉴过程中，应注意用词的准确性和专业性，以体现对葡萄酒的尊重和理解。

碰杯：碰杯时应用杯肚，眼睛看着酒杯，以示尊重。同时，碰杯的力度要适中，避免发出过大的声响。

此外，还有一些其他的礼仪细节需要注意，如避免在酒杯的同一位置多次喝酒以减少唇印，开瓶时声音尽量要轻，以及在品酒过程中保持适当的饮酒量等。

（八）顾客反馈与建议

服务结束后，应向顾客收集反馈和建议，以便改进服务质量和提高顾客满意度。反馈和建议包括对葡萄酒品质的评价、对服务态度的评价以及对环境的评价等。根据顾客反馈和建议进行改进，可以提高服务质量和顾客满意度。

任务 3　葡萄酒的贮藏

一、葡萄酒的长期贮藏

葡萄酒的长期贮藏需要一个恒定的温度环境，通常为 5 ℃～20 ℃。在这个温度范围内，葡萄酒可以保持其品质和风味，并且随着时间的推移，发展出更为复杂和丰富的口感。最佳的长期贮藏温度是 10 ℃～15 ℃，这个范围能够保证葡萄酒缓慢成熟和品质提升。

在选择存放葡萄酒的地方时，应该避免阳光直射和强烈的灯光照射，因为紫外线会加速葡萄酒的老化。同时，也要避免将葡萄酒存放在有强烈气味或震动的地方，这些因素会影响葡萄酒的品质。

在长期贮藏葡萄酒时，还要注意酒瓶的摆放方式。一般来说，最好将葡萄酒瓶平放或倾斜放置，以使酒液与瓶塞接触，保持瓶塞湿润，避免空气进入而导致葡萄酒氧化。同时，这也可以防止酒瓶中的沉淀物聚集在瓶底。

对需要长期贮藏的葡萄酒，选择品质优秀的葡萄酒进行收藏是非常重要的。品质优秀的葡萄酒具有较高的酸度和较完善的单宁结构，能够抵抗氧化的影响，并且在长期的存放过程中能够保持稳定的品质和风味。

二、葡萄酒的短期贮藏

对短期贮藏的葡萄酒，如几天或几周的时间，可以选择将葡萄酒存放在冰箱中。但需要注意的是，冰箱的温度波动较大会影响葡萄酒的品质。因此，在使用冰箱存放葡萄酒时，应尽量避免频繁开启冰箱门，以免温度波动过大。此外，如果选择使用冰箱存放葡萄酒，还应该确保酒瓶保持倾斜，以便酒液紧贴瓶塞，保持瓶塞湿润。

三、酒窖和酒柜

对真正的葡萄酒爱好者来说，拥有一个专业的酒窖或酒柜是必不可少的。酒窖和酒柜都具备恒定的温度和湿度控制功能，能够为葡萄酒提供一个稳定的贮藏环境。同时，酒窖和酒柜还能够避免阳光直射和强烈灯光照射，防止震动和异味对葡萄酒的影响。

　　酒窖一般分为地上式和地下式两种类型。地上式酒窖需要注意防潮和通风，而地下式酒窖则需要考虑地质条件和湿度控制。无论是地上式酒窖还是地下式酒窖，都需要定期进行清洁和维护，以保持其良好的工作状态。

　　酒柜则分为电子酒柜和木制酒柜两种类型。电子酒柜具有温度和湿度控制功能，而木制酒柜则更注重装饰性和美观性。在选择酒柜时，需要根据自己的需求和喜好进行选择。

复习与思考

　　1. 葡萄酒的分类与特点有哪些？

　　2. 简述葡萄酒与健康的关系。

　　3. 葡萄酒的贮藏有哪些要求？

知识拓展　世界葡萄酒产地

模块三　谷物酿造酒

✏️ **学习目标**

1. 掌握黄酒、啤酒、清酒的基本原理和工艺流程。
2. 学会识别与评估谷物酿造酒的质量与风味。
3. 了解典型品种以及饮用服务。

任务 1　黄酒的服务与品鉴

一、黄酒的历史

黄酒，作为中国最早发明的发酵酒，其历史可以追溯到远古时代。据史书记载，商朝时酿酒业已经得到了很大的发展，当时的酿酒技术已趋近于成熟。商朝贵族对酒的品质和酿造工艺有了更高的追求，黄酒的酿造技术逐渐发展并完善起来。

春秋战国时期，黄酒的酿造技术得到了进一步的发展，人们开始使用多种谷物作为原料来酿造黄酒，如稻米、黍米、小米等。此时，黄酒的口感主要以酸涩为主，并不香柔，也不醇厚，是黄酒的初期形态。唐宋时期，黄酒发展进入黄金时期。随着酒水过滤技术的进步，黄酒的产量逐渐增加，其酿造工艺也基本摆脱了"浊酒"的困扰。在这个时期，黄酒的颜色开始呈现黄色或红色，这是因为在酿造、贮藏过程中，酒中的糖分与氨基酸发生了美拉德反应。宋元时期，中国黄酒发展趋于成熟，人们开始用"清酒"来称呼它，而不再使用"浊酒"来形容它。

在中国古代，黄酒不仅是祭祀神灵、招待客人的重要饮品，还是文人雅士吟诗作赋、畅谈人生的良伴。它见证了中国数千年的兴衰沧桑，也映射了中国人民对美好生活的追求和智慧的积淀。如今，黄酒作为中国传统饮食文化的一部分，依然被人们珍视和传承，成为中华美食文化中不可或缺的部分。

二、黄酒的成分

黄酒的主要原料是糯米、粳米、黍米。原料经蒸煮、摊晾后，加入酒曲或酵母搅拌，在缸内进行糖化和发酵，经多种微生物共同作用，酿成了这种低度原汁酒。经压榨收集的米酒液，因色泽橙黄，故称为黄酒。

黄酒的主要成分包括糖、糊精、有机酸、氨基酸、酯类、甘油、微量的高级醇和一定数量的维生素等。黄酒风味独特，营养丰富，不仅是我国传统的饮料，还是许多地方妇女产后的滋补品，成为佐餐或餐后的上好饮品。

三、黄酒的种类

（一）按黄酒含糖量分

1. 干黄酒

干黄酒的总糖含量低于或等于 15.0 g/L，如元红酒。

2. 半干黄酒

半干黄酒的总糖含量为 15.0～40.0 g/L。我国大多数出口黄酒均属于此种类型，如加饭酒。

3. 半甜黄酒

半甜黄酒的总糖含量为 40.1～100 g/L，是黄酒中的珍品，如善酿酒。

4. 甜黄酒

甜黄酒的总糖含量高于 100 g/L，由于加入了米白酒，酒度也较高，如香雪酒。

（二）按酿造方法分

1. 淋饭酒

淋饭酒是指将蒸熟的米饭用冷水淋凉，然后拌入酒药粉末，搭窝，糖化，最后加水发酵成酒。其口味较淡薄。有的工厂用这样酿成的淋饭酒作为酒母，即所谓"淋饭酒母"。

2. 摊饭酒

摊饭酒是指将蒸熟的米饭摊在竹篚上，使米饭在空气中冷却，然后再加入麦曲、酒母（淋饭酒母）、浸米浆水等，混合后直接进行发酵。

3. 喂饭酒

按这种方法酿酒时，米饭不是一次性加入，而是分批加入。

（三）按酿酒用曲的种类分

黄酒按照酿造用的曲的不同，可以分为小曲黄酒、生麦曲黄酒、熟麦曲黄酒、纯种曲黄酒、红曲黄酒、乌衣红曲黄酒、黄衣红曲黄酒。

四、黄酒的特点

（一）色泽

黄酒的色泽因品种而异，其色泽从浅黄色至红褐色甚至黑色。黄酒的色泽主要来源于以下几种途径：

1. 原料本身的色素

有的黄酒品种用黑米或炒焦的米为原料，使酒呈黑色。有的使用爆熟的小麦制曲，也带来一定的色素。麦曲和红曲等也带特有的色素。

2. 人为添加

产品定型中，大部分生产者根据产品设计的需要，采用加入由焦糖制成的色素（称"糖色"）的方式以加深和稳定黄酒产品的颜色。

3. 美拉德反应

黄酒在煮酒或贮存期内，酒中糖分与氨基酸之间的美拉德反应，生成类黑精等，形成黄酒的色素。

4. 金属离子呈色

铁能形成呈色物质柯因铁，能促进酒增色。

（二）香气

黄酒中的香气成分有 100 多种，黄酒特有的香气不是某一种香气成分特别突出的结果，而是通常所说的复合香，一般正常的黄酒有柔和、愉快、优雅的香气。

黄酒的香气主要是由酯类、醇类、酸类、羰基化合物和酚类等成分组成。

正常的香气由酒香、曲香、焦香三个方面组成，酒香主要由发酵的代谢产物构成；曲香主要由麦子的多酚类物质、香草醛、香草酸、阿魏酸及高温培养曲子时的羰基氨基反应的生成物构成；焦香主要是由焦米、焦糖色素所形成，或由类黑精产生的。

（三）滋味

甜、酸、苦、辛、鲜、涩六味协调，组成了黄酒特有的口味。

1. 甜味

黄酒的甜味主要来源于糖类、多元醇以及氨基酸。制作工艺米和麦曲经酶的水解所产生的以葡萄糖、麦芽糖等为主的糖类有八九种。这些物质都是甜味的，从而赋予了黄酒滋润、丰满、浓厚的内质，饮时有甜味和稠黏的感觉。对干型黄酒和半干型黄酒，葡萄糖和果糖是关键甜味物质；对甜型黄酒和半甜型黄酒，葡萄糖为关键甜味物质。

2. 酸味

黄酒中以乳酸、乙酸、琥珀酸等为主的有机酸有 10 多种。酸味主要来自米、曲及添加的浆水和醇醛氧化，但大都是在发酵过程中由酵母代谢产生的。有机酸可以增加酒体浓厚感，缓冲、协调其他香味物质，减小甜味的强度，是黄酒中重要的呈味物质，其种类、含量与黄酒最终的感官品质有很大关系。黄酒中，酸味是黄酒具备清新、清爽口感的要素，呈酸物质含量少则酒味寡淡乏味，含量多则酒体粗糙刺口，影响酒的整体风味。所谓酒的"老""嫩"，即指酒中酸的含量多少，它对酒的滋味起着至关重要的缓冲作用。

3. 苦味

黄酒中的苦味物质在味觉上灵敏度很高，而且持续时间较长，但它不一定是不好的滋味。对于黄酒而言，可以产生苦味的物质主要是氨基酸、肽和酚类。江南大学传统酿造食品研究中心研究表明，亮氨酸、组氨酸、香豆酸、阿魏酸和儿茶素五种物质为绍兴黄酒苦味的主要贡献物质。适当的苦味对黄酒来说必不可少，但苦味过强则会影响口感。

4. 辛味

在中国传统观念中，辛辣味是味道中的一员。实际上，辛辣味是刺激口腔黏膜、鼻腔黏膜、皮肤和三叉神经而引起的一种感觉（痛觉），与触觉类似。黄酒的辛辣味主要来源于乙醇，其次是醛类。极微量的乙醛即可形成辛辣味，甘油醛、乙缩醛和过量的糠醛、高级醇也会产生辛辣味，醛类物质是发酵的中间产物，发酵完全则可降低醛含量。适度的辛辣味有丰满酒体、增进食欲的作用。

5. 鲜味

一般认为鲜味是风味增效剂或者是一种综合味觉。黄酒中的鲜味主要来自氨基酸类、肽类、核苷酸类。江南大学传统酿造食品研究中心研究发现，谷氨酸、5-腺苷酸（5-AMP），以及一种谷氨酸和葡萄糖的美拉德反应中间体 Fru-Glu 为黄酒中的关键鲜味物质。作为黄酒中新发现的重要鲜味物质，Fru-Glu 的鲜味强度可达谷氨酸（味精）的1.6倍。

6. 涩味

涩味是口腔黏膜蛋白质受到刺激被凝固时产生的收敛感，与触觉类似，有时也被形容为发干、粗糙。对于普通消费者而言，涩味容易与苦味混淆，因为很多可以产生涩味的物质也能产生苦味。黄酒中的涩味物质主要来自氨基酸和酚类。其中最关键的涩味物质是 γ-氨基丁酸，其次是儿茶素、阿魏酸、酪氨酸、p-香豆酸和丁香酸。涩味适当，能给黄酒带来浓厚的柔和感。

五、主要黄酒品种

(一) 绍兴酒

1. 产地

绍兴酒（图3-1），简称"绍酒"，产于浙江省绍兴市。

2. 历史

据《吕氏春秋》记载："越王之栖于会稽也，有酒投江，民饮其流而战气百倍。"可见在2000多年前的春秋时期，绍兴已经产酒。到南北朝时期，关于绍兴酒有了更多的记载。南朝

图3-1 绍兴酒

《金缕子》中记载："银瓯贮山阴（绍兴古称）甜酒，时复进之。"宋朝的《北山酒经》中亦认为："东浦酒最良。"到了清朝，有关黄酒的记载就更多了。20世纪30年代，绍兴境内有酒坊2000余家，年产酒6万多吨，产品畅销中外，在国际上享有盛誉。

3. 特点

绍兴酒具有色泽橙黄清澈、香气馥郁芬芳、滋味鲜甜醇美的独特风格，绍兴酒有越陈越香、久藏不坏的优点，人们认为它有"长者之风"。

4. 工艺

酿酒以糯米为原料，经过筛米、浸米、蒸饭、摊冷、落作（加麦曲、淋饭、鉴湖水）、主发酵、开耙、灌罐后酵、榨酒、澄清、勾兑、煎酒、灌罐陈酿（3年以上）等步骤制造出成品酒。

5. 荣誉

绍兴酒曾于1910年南洋劝业会上，1924年在巴拿马万国博览会上，1925年西湖博览会上，多次荣获金牌和优等奖状。1963年绍兴酒中的加饭酒被评为我国"十八大名酒"之一。1985年又分别获巴黎国际旅游美食金质奖和马德里酒类质量大赛的景泰蓝奖。2006年1月，浙江古越龙山绍兴酒股份有限公司生产的十年陈酿半干型绍兴酒首批通过国家酒类质量认证。

（二）即墨老酒

1. 产地

即墨老酒（图3-2）产于山东省青岛市即墨区。

2. 历史

公元前722年，即墨地区（包括崂山）已是一个人口众多、物产丰富的地方。这里土地肥沃，黍米（俗称大黄米）高产，米粒大、光、圆，是酿造黄酒的上等原料。当时，黄酒作为一种祭祀品和助兴饮料，酿造极为盛行。在长期的实践中，"醪酒"风味

图3-2　即墨老酒

之雅、营养之高，引起人们的关注。古时地方官员把"醪酒"当作珍品向皇室进贡。相传，春秋时期齐国国君齐景公朝拜崂山仙境，谓之"仙酒"；战国齐将田单巧摆火牛阵，大破燕军，谓之"牛酒"；秦始皇东赴崂山索取长生不老药，谓之"寿酒"；几代君王开怀畅饮此酒，谓之"珍浆"。唐朝中期，"醪酒"又称"苦酒"。到了宋朝，人们为了把酒史长、酿造好、价值高的"醪酒"同其他地区的黄酒区别开来，以便于开展贸易往来，又把"醪酒"改名为"即墨老酒"。此名沿用至今。清朝道光年间，即墨老酒产销进入极盛时期。

3. 特点

即墨老酒酒液墨褐带红，浓厚挂杯，具有特殊的糜香气。饮用时醇厚爽口，微苦而余香不绝。据化验，即墨老酒含有 17 种氨基酸、16 种人体所需的微量元素及酶类维生素。每千克即墨老酒的氨基酸含量比啤酒高 10 倍，比红葡萄酒高 12 倍，适量常饮能驱寒活血，舒筋止痛，增强体质，加快人体新陈代谢速度。

4. 成分

即墨老酒以当地龙眼黍米、麦曲为原料，以崂山"九泉水"为酿造用水。

5. 工艺

即墨老酒在酿造工艺上继承和发扬了"古遗六法"，即"黍米必齐、曲蘖必时、水泉必香、陶器必良、火甚炽必洁、火剂必得"。所谓"黍米必齐"，即生产所用黍米必须颗粒饱满均匀，无杂质；"曲蘖必时"，即必须在每年中伏时，选择清洁、通风、透光、恒温的室内制曲，使之产生丰富的糖化发酵酶，陈放一年后，择优选用；"水泉必香"，即必须采用质好、含有多种矿物质的崂山水；"陶器必良"，即酿酒的容器必须是质地优良的陶器；"火甚炽必洁"，即酿酒用的工具必须加热烫洗，严格消毒；"火剂必得"，即讲究蒸米的火候，必须达到焦而不煳、红棕发亮、恰到好处。

6. 荣誉

即墨老酒畅销国内外，深受消费者好评，被专家誉为我国黄酒的"北方骄子""典型代表"，被视为黄酒中的珍品。即墨老酒在 1963 年和 1974 年的全国评酒会上先后被评为优质酒，荣获银牌；1984 年在全国酒类质量大赛中荣获金杯奖。

（三）沉缸酒

1. 产地

沉缸酒（图 3-3）产于福建省龙岩。

2. 历史

传说，清朝嘉庆年间，在距龙岩市约 15 千米的小池村，有位从上杭来的酿酒师傅，名叫五老官。他见这里有江南著名的"新罗第一泉"，便在此地开设酒坊。刚开始时他按照传统酿制方法，以糯米制成酒醅，得酒后入坛，埋藏三年出酒，但酒度低、酒劲小、酒甜、口淡。于是他对其进行改进，在酒醅中加入低度米烧酒，压榨后得酒，还是觉得不够醇厚。他又两次加入高度米烧酒，使老酒陈化、增香，这才酿出了如今的"沉缸酒"。

图 3-3 龙岩沉缸酒

3. 特点

沉缸酒的酒液鲜艳透明，呈红褐色，有琥珀光泽，酒味芳香扑鼻，醇厚馥郁，饮后回味绵长。此酒糖度高，无一般甜型黄酒的稠黏感，使人感受到糖的清甜、酒的醇香、酸的鲜美、曲的苦味，当酒液触舌时，各味毕现，风味独具。

4. 成分

沉缸酒是以上等糯米以及福建红曲、小曲和米烧酒等经长期陈酿而成。酒内含有碳水化合物、氨基酸等富有营养价值的成分。其糖化发酵剂白曲是由冬虫夏草、当归、肉桂、沉香等30多种名贵药材特制而成的。

5. 工艺

沉缸酒的酿法集我国黄酒酿造的各项传统精湛技术于一体，用曲多达四种。有当地祖传的药曲，其中加入冬虫夏草、当归、肉桂、沉香等30多种中药材；有散曲，通常作为糖化用曲；有白曲，这是南方所特有的米曲；红曲更是酿造龙岩酒的必加之曲。酿造时，先加入药曲、散曲和白曲，酿成甜酒酿，再分别投入著名的古田红曲及特制的米白酒陈酿。在酿制过程中，一不加水，二不加糖，三不加色，四不调香，完全靠自然形成。

6. 荣誉

1959年，沉缸酒被评为福建省名酒；在第二、三、四届全国评酒会上，三次被评为国家名酒，并获得国家金质奖章；1984年，在轻工业部酒类质量大赛中，荣获金杯奖。

六、黄酒的饮用和保管

（一）黄酒的饮用

黄酒的传统饮法是温饮，即将盛酒器放入热水中烫热或直接烧煮，以达到其最佳饮用温度。温饮可使黄酒酒香浓郁，酒味柔和。

黄酒也可在常温下饮用。另外，在我国香港地区和日本，流行加冰后饮用，即在玻璃杯中加入一些冰块，注入少量的黄酒，最后加水稀释饮用，有的也可以放一片柠檬入杯。

在饮用黄酒时，如果菜肴搭配得当，则更可领略黄酒的特有风味，以绍兴酒为例，其常见的搭配有以下几种：干型的元红酒，宜配蔬菜类、海蜇皮等冷盘；半干型的加饭酒，宜配肉类、大闸蟹；半甜型的善酿酒，宜配鸡鸭类；甜型的香雪酒，宜配甜菜类。

（二）黄酒的保管

成品黄酒都要进行灭菌处理才便于贮存，通常的方法是用煎煮法灭菌，用陶坛盛装。酒坛以无菌荷叶和笋壳封口，又以糖和黏土等混合加封，封口既严实又便于开启。酒液在陶坛中，越陈越香，这就是黄酒被称为"老酒"的原因。

任务2 啤酒的服务与品鉴

一、啤酒的历史

啤酒的历史悠久，起源于美索不达米亚平原，是人类最古老的酒精饮料之一。最初，啤酒是简单地由大麦芽酿造而成，甚至被用作药物来治疗身体。与远古时期的苏美尔人和古埃及人一样，我国远古时期的醴也是用谷芽酿造的，即所谓蘗法酿醴。《黄帝内经》中记载了一些有关醪醴的文字；商朝的甲骨文中也记载了由不同种类的谷芽酿造的醴；《周礼·天官·酒正》中有"醴齐"之说。醴和啤酒在远古时期应属于同一类型的含酒精量非常低的饮料。由于时代的变迁，用谷芽酿造的醴消失了，但口味类似醴、用酒曲酿造的甜酒却保留下来。在古代，人们也称甜酒为醴。目前普遍认为中国古代没有啤酒。但是，根据古代的资料，我国很早就掌握了蘗的制造方法，也掌握了用蘗制造饴糖的方法。不过苏美尔人、古埃及人酿造啤酒需用两天时间，而我国古代人酿造醴酒则需一天一夜。《释名》记载："醴齐醴礼也，酿之一宿而成，醴有酒味而已也。"

随着时间的推移，啤酒的制作技术和口感逐渐得到了改进。在中世纪，啤酒主要是家庭自酿，而且只有女性才能从事酿酒的工作。到了10世纪，比利时由于食物匮乏，修士们开始自酿啤酒，并在其中加入了独特的配方，以满足营养需求。

到了15世纪，德国开始规定啤酒的制作必须使用啤酒花、大麦、酵母和水，这奠定了现代啤酒制作的基础。随着工业革命的到来，蒸汽机、冷冻机、酵母人工养殖和巴氏灭菌等技术的发明，使得啤酒实现了真正的市场化，成了大众喜爱的饮品。

进入现代，啤酒的种类和风格越来越丰富，各种特色啤酒如干啤酒、全麦芽啤酒、黑啤酒等纷纷涌现，满足了不同消费者的口味需求。同时，啤酒的包装也日趋多样，从最初的木桶和生啤酒桶，到现在的玻璃瓶、金属罐以及塑料瓶等，使得啤酒的保存和运输更为便捷。

二、啤酒的原料与生产

（一）主要原料

1. 大麦

大麦有良好的生物学特性，对土壤和气候的要求较低，所以它能在地球上广泛分布。大麦便于发芽，酶系统完全，制成的啤酒别具风味。大麦的生物化学及形态生理学特征，比小麦等其他谷物更适宜于啤酒酿造的机械化工艺。另外，大麦的价格在谷物中又是较为便宜的。

2. 啤酒花

啤酒花被誉为啤酒的灵魂。啤酒中清爽的苦味实际上是啤酒花的贡献，这种苦味质不但可以防止啤酒中腐败菌的繁殖，还能杀死发酵过程中所产生的乳酸菌和酪酸菌。它的作用相当于炒菜时放的味精。虽然用的量很少，在一吨啤酒中，才加入不到500克的啤酒花，但是在啤酒酿造过程中，啤酒花中的有效成分能把酒液中多余的蛋白凝固、分离出来，使酒液澄清，使泡沫丰富、持久；啤酒花中所含的上百种香味成分，经过精妙搭配，就构成了各种啤酒的独特风格。

3. 酵母

啤酒酵母是一种不能运动的单细胞低等植物，其细胞只有借助显微镜才能看到。肉眼看到的乳白色湿润的酵母泥是无数酵母细胞的集合体。自然界存在的酵母很多，但不是所有的酵母都可以用来酿造啤酒。对啤酒发酵有利的酵母称为啤酒酵母。在啤酒生产中，酵母需要经过纯粹的培养而获得。啤酒中的酒精和二氧化碳都是啤酒酵母发酵而产生的。

4. 水

水是啤酒的"血液"，啤酒中至少含有90％的水分，水中无机物、有机物和微生物的含量会直接影响啤酒的质量。一般啤酒厂需要建立一套酿造用水的处理系统。也有些啤酒厂采用天然高质量的水源，甚至有些采用冰川雪水来酿造啤酒。

（二）生产工艺

1. 选麦育芽

精选优质大麦清洗干净，在槽中浸泡三天后送出芽室，在低温潮湿的空气中发芽一周，然后将这些嫩绿的麦芽在热风中风干24小时，这样大麦就具备了酿造啤酒所需的颜色和风味。

2. 制浆

将风干的麦芽磨碎，加入温度适当的热水，制造麦芽浆。

3. 煮浆

将麦芽浆送入糖化槽，加入米淀粉煮成的糊，加温，这时麦芽酵素充分发挥作用，可把淀粉转化为糖，产生麦芽糖汁液，过滤之后，加啤酒花煮沸，提炼芳香和苦味。

4. 冷却

将煮沸的麦芽浆冷却至5℃，然后加入酵母进行发酵。

5. 发酵

麦芽浆在发酵槽中经过八天左右的发酵，大部分的糖和酒精被二氧化碳分解，生涩的啤酒诞生。

6. 陈酿

经过发酵的深色啤酒再被送入调节罐中低温（0℃以下）陈酿两个月。陈酿期间，啤酒中的二氧化碳逐渐溶解，渣滓沉淀，酒色开始变得透明。

7. 过滤

成熟后的啤酒经过离心器去除杂质，酒色完全透明，呈琥珀色，这就是人们通常所称的生啤，然后在酒液中注入二氧化碳或小量浓糖进行二次发酵。

8. 杀菌

将酒液装入消过毒的瓶中，进行高温杀菌（俗称巴氏消毒）使酵母停止作用，这样瓶中的酒液就能耐久贮藏。

9. 包装销售

装瓶或装桶的啤酒经过最后的检验，便可以出厂上市。一般包装形式有瓶装、听装和桶装三种。

三、啤酒的分类

（一）按颜色分类

1. 淡色啤酒

淡色啤酒俗称黄啤酒。淡色啤酒为啤酒中产量最大的一种。根据深浅不同，淡色啤酒又分为三类：淡黄色啤酒，酒液呈淡黄色，香气突出，口味优雅，清亮透明；金黄色啤酒，呈金黄色，口味清爽，香气突出；棕黄色啤酒，酒液大多为褐黄、草黄，口味稍苦，略带焦香。

2. 浓色啤酒

浓色啤酒色泽呈红棕色或红褐色。浓色啤酒麦芽香味突出、口味醇厚、酒花苦味较清。

3. 黑色啤酒

黑色啤酒色泽呈深红褐色乃至黑褐色，产量较低。黑色啤酒麦芽香味突出、口味浓醇、泡沫细腻，苦味根据产品类型而有较大差异。

（二）按麦汁浓度分类

1. 低浓度啤酒

原麦汁浓度为 6～8 度，酒精含量为 2% 左右。

2. 中浓度啤酒

原麦汁浓度为 10～12 度，酒精含量为 3.1%～3.8%，是中国各大型啤酒厂的主要产品。

3. 高浓度啤酒

原麦汁浓度为 14～20 度，酒精含量为 4.9%～5.6%，属于高级啤酒。

（三）按是否经过杀菌处理分类

1. 鲜啤酒

鲜啤酒又称生啤，是指在生产中未经杀菌的啤酒，但在可以饮用的卫生标准之内。此酒口味鲜美，有较高的营养价值，但酒龄短，适于当地销售，保质期为 7 天左右。

2. 熟啤酒

熟啤酒是经过杀菌的啤酒，可防止酵母继续发酵和受微生物的影响，酒龄长，稳定性强，适于远销，但口味稍差，酒液颜色深。

(四) 按含糖量分类

1. 干啤酒

干啤酒指啤酒在酿制过程中，将糖分去除，使酒液中糖的含量在 0.5% 以下。这种啤酒的特点是发酵度高，其色泽更浅、口感更净、口味更爽、苦味更淡、热值更低，适合对摄取糖分有禁忌的人饮用。

2. 半干啤酒

半干啤酒指含糖量为 0.5%～1.2% 的啤酒。

3. 普通啤酒

普通啤酒指含糖量在 1.2% 以上的啤酒。

(五) 按包装容器分类

1. 瓶装啤酒

瓶装啤酒国内主要分为 640 ml 和 355 ml 两种包装，国际上还有 500 ml 和 330 ml 等其他规格的包装。

2. 易拉罐装啤酒

易拉罐装啤酒采用铝合金为材料，包装规格多为 355 ml。便于携带，但成本高。

3. 桶装啤酒

桶装啤酒包装材料一般为不锈钢或塑料，可循环使用，容量为 30 L，主要用来盛装生啤酒。

(六) 按酒精浓度分类

1. 低醇啤酒

一般来说，酒精含量低于 2.5% (V/V) 的啤酒，称为低醇啤酒。

2. 无醇啤酒

酒精含量低于 0.5% (V/V) 的啤酒称无醇啤酒。这种啤酒采用了特殊的工艺方法抑制啤酒发酵时酒精成分的产生，或是先酿成普通啤酒后，再采用蒸馏法、反渗透法或渗透法去除啤酒中的酒精成分。

(七) 按啤酒酵母性质分类

1. 上发酵啤酒

发酵过程中，酵母随二氧化碳浮到发酵面上，发酵温度为 15 ℃～20 ℃。啤酒的香味突出。

2. 下发酵啤酒

发酵完毕后，酵母凝聚沉淀到发酵容器底部，发酵温度为 5 ℃～10 ℃。啤酒的香味柔和。世界上绝大部分国家都是下发酵啤酒。我国的啤酒均为下发酵啤酒，其中著名的啤酒有青岛啤酒、燕京啤酒。

四、世界著名啤酒品牌与产地

(一) 青岛啤酒

1. 产地

青岛啤酒（图3-4）由青岛啤酒股份有限公司生产。

2. 历史

青岛啤酒厂始建于1903年。当时青岛被德国占领，英德商人为适应占领军和侨民的需要开办了啤酒厂。当时，企业名称为"日耳曼啤酒公司青岛股份公司"，生产设备和原料全部来自德国，产品品种有淡色啤酒和黑啤酒。

1914年，第一次世界大战爆发，日本乘机侵占青岛。1916年，日本资本家以50万银圆收购了啤酒厂，更名为"大日本麦酒株式会社青岛工场"，并于当年开工生产。日本人对工厂进行了较大规模的改造和扩建，1939年建立了制麦车间，曾试用山东大麦酿制啤酒，效果良好。1945年抗日战争胜利，当年10月，工厂被国民党政府军政部查封，随即由青岛市政府当局派人员接管，工厂更名为"青岛啤酒公司"。1947年，"齐鲁企业股份有限公司"收购了该工厂，定名为"青岛啤酒厂"。

图3-4 青岛啤酒

3. 品种

青岛啤酒的主要品种有8度、10度、11度青岛啤酒，以及11度纯生青岛啤酒。

4. 特点

青岛啤酒属于淡色啤酒，酒液呈淡黄色，清澈透明，富有光泽。酒中二氧化碳充足，当酒液被注入杯中时，泡沫细腻、洁白、持久而厚实，并有细小如珠的气泡从杯底连续不断上升，经久不息。饮时，酒质柔和，有明显的酒花香和麦芽香，具有啤酒特有的爽口苦味和杀口力。酒中含有多种人体不可缺少的碳水化合物、氨基酸、维生素等营养成分。常饮有开脾健胃、帮助消化的功效。原麦芽汁浓度为8～11度，酒度为3.5%～4%。

5. 成分

（1）大麦。选自浙江省宁波、舟山地区的"三棱大麦"，粒大、淀粉多、蛋白质含量低、发芽率高，是酿造啤酒的上等原料。

（2）啤酒花。青岛啤酒采用的优质啤酒花，由该厂自己的啤酒花基地精心培育，具有蒂大、花粉多、香味浓的特点，能增加啤酒的爽快的微苦味和酒花香，并能延长

啤酒的保存期，保证了啤酒的正常风味。

（3）水。青岛啤酒的酿造用水是有名的崂山矿泉水，水质纯净、口味甘美，对啤酒味道的柔和度起到良好的促进作用，它赋予青岛啤酒独有的风格。

6. 工艺

青岛啤酒采取酿造工艺的"三固定"和严格的技术管理。"三固定"就是固定原料、固定配方和固定生产工艺。严格的技术管理是指操作一丝不苟，凡是不合格的原料绝对不用，发酵过程要严格遵守卫生法规；对后发酵的二氧化碳，要严格保持规定的标准，过滤后的啤酒中的二氧化碳要处于饱和状态；产品出厂前，要经过全面的分析化验及感官鉴定，合格方能出厂。

7. 荣誉

青岛啤酒在第二、三届全国评酒会上均被评为全国名酒；1980年荣获国家优质产品金质奖章。青岛啤酒不仅在国内负有盛名，而且驰名全世界，远销30多个国家和地区。2006年1月，青岛啤酒中的8度、10度、11度青岛啤酒，以及11度纯生青岛啤酒首批通过国家酒类质量认证。

（二）嘉士伯

1. 产地

嘉士伯啤酒（图3-5）的原产地为丹麦。

2. 历史

嘉士伯创始人J.C.雅可布森1847年在哥本哈根郊区设厂生产啤酒，并以其子卡尔的名字命名为嘉士伯牌啤酒。1970年嘉士伯酿酒公司与图堡公司（Tuborg）合并，更名为嘉士伯公共有限公司。

3. 特点

知名度较高，口味较大众化。

4. 工艺

由嘉士伯实验室汉逊博士培养的汉逊酵母至今仍被各国啤酒企业所采用。嘉士伯啤酒工艺一直是啤酒业的典范，因重视原材料的选择和严格的加工工艺保持，质量始终处于世界一流水平。

图3-5　嘉士伯啤酒

5. 荣誉

嘉士伯啤酒风行世界100多个国家和地区，被啤酒饮家誉为"可能是世界上最好的啤酒"。自1904年开始，嘉士伯啤酒被丹麦皇室许可，作为指定的供应商，其商标上自然也就多了一个皇冠标志。嘉士伯公共有限公司自1982年始，相继与中国广州、江门、上海等啤酒厂合作生产中国的嘉士伯啤酒。

（三）喜力啤酒

1. 产地

喜力啤酒（图 3-6）的原产地为荷兰。

2. 历史

喜力啤酒始于 1863 年，由杰拉德·喜力先生在荷兰阿姆斯特丹创建。为寻求最佳原材料，喜力先生跑遍了整个欧洲大陆，并引进现场冷却系统。他甚至建立了实验室来检查基础配料和成品的质量，这在当时的酿酒行业中是绝无仅有的。正是在这一时期，特殊的喜力 A 酵母开发成功。到 19 世纪末，该啤酒厂已成为荷兰最大且最重要的产业之一。

3. 特点

口感较苦。

图 3-6　喜力啤酒

4. 荣誉

喜力啤酒在 1889 年的巴黎世界博览会上荣获金奖。目前，喜力啤酒已出口到 170 多个国家和地区。

（四）比尔森啤酒

1. 产地

比尔森啤酒（图 3-7）的原产地为位于捷克西南部的城市比尔森，已有 150 余年的历史。

2. 工艺

啤酒花用量高，约 400 g/100 L，采用底部发酵法、多次煮沸法等工艺，发酵度高，熟化期为三个月。

图 3-7　比尔森啤酒

3. 特点

麦芽汁浓度为 11%～12%，色浅，泡沫洁白细腻，挂杯持久，酒花香味浓郁且清爽，苦味重而不长，味道醇厚，杀口力强。

（五）慕尼黑啤酒

1. 产地

慕尼黑是德国南部的啤酒酿造中心，以酿造黑啤闻名。慕尼黑啤酒已成为世界深色啤酒效仿的典型。因此，凡是采用慕尼黑啤酒工艺酿造的啤酒，都可以称为慕尼黑啤酒。

2. 工艺

慕尼黑啤酒采用底部发酵的生产工艺。

3. 特点

慕尼黑啤酒外观呈红棕色或棕褐色，清亮透明，有光泽，泡沫细腻，挂杯持久，二氧化碳充足，杀口力强，具有浓郁的焦麦芽香味，口味醇厚而略甜，苦味轻。内销啤酒的原麦芽浓度为 $12\%\sim13\%$，外销啤酒的原麦芽浓度为 $16\%\sim18\%$。

（六）多特蒙德啤酒

1. 产地

多特蒙德位于德国西北部，是德国最大的啤酒酿造中心，有国内最大的啤酒公司。自中世纪以来，这里的啤酒酿造业一直很发达。

2. 工艺

多特蒙德啤酒采用底部发酵的生产工艺。

3. 特点

多特蒙德啤酒酒体呈淡黄色，酒精含量高，醇厚而爽口，啤酒花香味明显，但苦味不重，麦芽汁浓度为 13%。

（七）巴登·爱尔啤酒

1. 产地

巴登·爱尔啤酒是英国的传统名牌啤酒，全国生产爱尔啤酒的厂家很多，唯有巴登地区酿造的爱尔啤酒最负盛名。

2. 工艺

爱尔啤酒以溶解良好的麦芽为原料，采用上部发酵、高温和快速发酵的方法。

3. 特点

爱尔啤酒有淡色和深色两种，内销爱尔啤酒的原麦芽汁浓度为 $11\%\sim12\%$，出口爱尔啤酒的原麦芽汁浓度为 $16\%\sim17\%$。

淡色爱尔啤酒色泽浅，酒精含量高，啤酒花香味浓郁，苦味重，口味清爽。

深色爱尔啤酒色泽深，麦芽香味浓，酒精含量较淡色的低，口味略甜而醇厚，苦味明显而清爽，在口中消失快。

（八）司陶特啤酒

1. 产地

司陶特啤酒的产地为英国。

2. 工艺

司陶特啤酒采用上部发酵方法，以中等淡色麦芽为原料，加入 $7\%\sim10\%$ 的焙焦麦芽或焙焦大麦，有时加焦糖做原料。啤酒花用量为 $600\sim700$ g/100 L。

3. 特点

一般的司陶特啤酒的原麦芽汁浓度为 12%，高档的司陶特啤酒的原麦芽汁浓度为 20%。司陶特啤酒外观呈棕黑色，泡沫细腻持久，为黄褐色；有明显的焦麦芽香，啤酒花苦味重，口感爽快；酒度较高，口味浓香醇厚，饮后回味长久。

（九）其他著名啤酒品牌

贝克：德国啤酒，口味殷实。

百威：美国啤酒，酒味清香，是贮存于橡木酒桶所致。

虎牌：新加坡啤酒，在东南亚知名度较高。

朝日：日本啤酒，味道清淡。

健力士黑啤：爱尔兰出产啤酒中的精品，味道独特。

科罗娜：墨西哥酿酒集团出品，为世界第一品牌。

中国台湾统一狮子座：带有龙眼味的啤酒。

泰国狮牌：最独特的啤酒，味苦，劲烈。

五、啤酒的储藏与服务

（一）避光保存

啤酒适合保存在阴暗的地方，紫外线和蓝光都会损害啤酒，让啤酒产生一种惹人生厌的"臭鼬味"。绿色或者棕色的瓶子可以防止瓶中的啤酒受到光线的影响。

（二）直立摆放

啤酒跟葡萄酒一样，贮藏时都需要正确地摆放，但它的摆放方式又跟葡萄酒不一样，需要直立摆放，最好不要倾斜或者水平摆放。直立摆放可以让啤酒中的死酵母沉淀到瓶底，而倾斜或者水平摆放会使酵母沉淀物堆积在瓶身或者瓶口处。直立摆放还有一个好处是它可以最大限度地防止啤酒发生氧化，从而延长啤酒的保存期限。

（三）调节温度

高温会影响啤酒的质量。啤酒适合保存在比较凉爽但又不是很寒冷的地方。虽然有些人喜欢喝冰冻后的啤酒，不过啤酒经过长期冰冻之后，品质和口感都会发生变化。啤酒窖和冰箱都适合存放啤酒，不过不建议长期把啤酒放在冰箱里面储存。储存啤酒的时候，一定要注意保持恒温。

（四）保质期

不同的啤酒由于酿造原料和工艺的不同，其保质期也各不一样。有些啤酒的保质期只有6~8个月，有些则长达25年。不同类型的啤酒有不同的保质期和推荐饮用时间。了解和遵守这些时间要求有助于确保啤酒的品质和口感。

六、啤酒的饮用

（一）温度

啤酒的饮用温度很重要，适宜的温度可以使啤酒的各种成分协调平衡，给人一种最佳的口感。啤酒最佳饮用温度为 8 ℃～10 ℃。啤酒不适宜冷冻保存。啤酒的冰点为－1.5 ℃，冷冻的啤酒不仅不好喝，反而破坏了啤酒的营养成分。冬季饮用啤酒时不必冰镇，如需热饮，可将酒瓶放入 30 ℃左右的水中预热，然后取出摇匀即可饮用。

（二）酒杯

饮用啤酒应该用符合规格要求的啤酒杯。一般可采用各种形状的水杯，但杯具容量大小要适宜，不宜过小。油脂是啤酒泡沫的大敌，能销蚀啤酒的泡沫。因此盛啤酒的杯具要热洗冷刷，保持清洁无油污。使用时，切勿用手指触及杯沿及杯内壁。

（三）斟酒

开启瓶盖时不要剧烈摇动瓶子，要用开瓶器轻启瓶盖，并用洁净的布擦拭瓶身及瓶口。倒啤酒时以桌斟方法进行，斟倒时，瓶口不要贴近杯沿，可顺杯壁注入，泡沫过多时，应分两次斟倒。酒液占 3/4 杯，泡沫占 1/4 杯为宜。

（四）饮用

啤酒不宜细饮慢酌，否则酒在口中升温会加重苦味。因此喝啤酒的方法有别于喝烈性酒，宜大口饮用，让酒液与口腔充分接触，以便品尝啤酒的独特味道。不要在喝剩的啤酒杯内倒入新开瓶的啤酒，因为剩啤酒会破坏新啤酒的味道，最好的办法是喝干之后再倒。

喝啤酒时勿吃海鲜，以免引发痛风和结石等疾病。除此之外，运动后不宜酗酒。人在剧烈运动后，血液内的尿酸浓度升高。当尿酸值过高时，尿酸会在人体关节处沉积下来，引起关节炎和痛风。大汗淋漓时也勿喝啤酒，因为不但不解渴，反而会使人更渴。

喝啤酒时也勿与白酒混饮。啤酒是一种低酒精饮料，含有二氧化碳。如果啤酒和白酒一起喝，会加速酒精对全身的渗透，影响消化酶的产生，易导致胃痉挛和急性胃肠炎。

任务 3　清酒的服务与品鉴

一、清酒的历史

清酒，作为日本的一种传统酒类，历史源远流长，可以追溯到古代中国。在公元 7世纪中叶，中国的"曲种"酿酒技术通过朝鲜半岛传播到日本，给日本的酿酒业带来了重大的发展。这一技术为清酒的酿造奠定了基础。

在古代，日本人将米磨成粉，加水酿造，制成了被称为"古酒"的饮品，这便是清酒的前身。随着时间的推移，清酒的酿造技术逐渐成熟和完善。在奈良时代，清酒已经成为人们生活中不可或缺的饮品，其酿造工艺也得到了改进和完善，使用的米种也开始变得多样化。到了江户时代，清酒的酿造工艺已经达到了相对成熟的阶段，清酒不仅成为日本人生活中的重要部分，也成为日本文化和艺术的象征。

在中国，清酒的历史同样悠久。《周礼·天官·酒正》中就有关于清酒的记载，说明清酒在中国也有着千年的历史。在唐朝，中国的清酒进入鼎盛时期，并通过文化交流传到了日本，对日本的酿酒业产生了深远的影响。

清酒的历史是中日两国文化交流与融合的见证。它不仅代表了日本的传统酿造工艺和饮食文化，还承载了中国古代酿酒技术的智慧与精髓。清酒已经成为世界范围内备受瞩目的酒类之一，其独特的口感和深厚的文化底蕴吸引了无数人的喜爱和追捧。

二、清酒的成分

清酒的主要成分是米、水、酵母和酒曲。其中，米是清酒酿造的基础，不同的米种会赋予清酒不同的风味和口感。水质对清酒的质量也有重要影响，清澈优质的水源是酿造高品质清酒的关键。酵母则负责将米中的糖分转化为酒精，同时产生各种香味物质。酒曲则含有使米中淀粉糖化、将糖分发酵成酒精的酶，是清酒酿造中不可或缺的要素。

在酿造过程中，米首先经过洗米、浸泡、蒸煮和冷却等步骤，然后与酒曲混合，进行发酵。发酵过程中，米中的淀粉被转化为糖，糖再被酵母转化为酒精。最后，经过压榨、过滤、熟化等步骤，就可以得到清澈透明的清酒。

清酒的成分和酿造过程共同决定了其独特的风味和品质。不同类型的清酒，如纯米大吟酿、大吟酿、纯米吟酿等，其口感和香味也会因原料、酿造工艺和熟化时间等因素的不同而有所区别。

三、清酒的种类

清酒的种类繁多，根据不同的分类标准，可以将其分为多种类型。

（一）按酿造方法分

纯米酒：纯粹用大米酿制的清酒，不添加任何食用酒精。

本酿酒：在米酒的基础上加入少量蒸馏酒。

吟酿酒：使用精米率在60％以下的大米酿制，口感芳香清爽。

大吟酿酒：精米率更低，通常在50％以下，口感平滑，被视为顶级清酒。

（二）按口味分

甜口酒：具有甜味的清酒。

辣口酒：口感较为辛辣的清酒。

浓醇酒：口感浓厚且醇和的清酒。

高酸味酒：酸度较高的清酒。

（三）按精米度分

纯米大吟酿（大吟酿）：精米度在50％以下，口感平滑，是顶级清酒。

纯米吟酿（吟酿）：精米度在60％以下，口感芳香清爽。

除此之外，还有一些常见的清酒品牌，如月桂冠、樱正宗、大关、白鹰、贺茂鹤、白牡丹、千福、日本盛、松竹梅及秀兰等。

四、清酒的特点

（1）清酒色泽呈淡黄色或无色，清亮透明，具有迷人的外观。它的口感醇厚，酸、甜、苦、涩、辣诸味协调，令人回味无穷。酒精含量通常为12％～16％，属于中度酒精饮品。

（2）清酒的营养价值丰富。它含有多种氨基酸和维生素，这些成分对人体健康具有积极的作用。同时，清酒还具有一定的食疗作用，适量饮用有益健康。

（3）清酒的香气独特。其香气并非添加香料所得，而是酵母在天然发酵过程中产生的芳香化合物。常见的香气有果香、花香、植物清香、菌类香、香料香、坚果香、米香、乳香以及烘焙香等，这些香气使得清酒更具风味。

（4）清酒的酿造工艺独特。它采用优质大米、清泉水以及独特的酿造技术精心酿造而成。整个酿造过程包括洗米、浸泡、蒸煮、冷却、制曲、酵母培养、发酵、压榨过滤、巴氏灭菌以及熟化等多个步骤，每一步都需要精心把控，才能确保清酒的品质和口感。

五、清酒中的名品

（一）獭祭

（1）产地：日本山口县。

（2）特点：獭祭被誉为清酒中的"艺术品"，其口感细腻、柔和，带有淡淡的果香和花香，回味悠长。精米步合比较低，使得酒体更加纯净。

（3）饮用环境：适合在安静、优雅的场合中慢慢品味，如家庭聚会或高端商务宴请。

（二）十四代

（1）产地：日本山形县。

（2）特点：十四代是清酒中的顶级品牌，价格昂贵但物有所值。其口感醇厚、浓郁，带有丰富的层次感，酒香持久。

（3）饮用环境：适合在重要的商务场合或庆祝活动中饮用，彰显尊贵与品位。

（三）白鹤

（1）产地：日本神户市。

（2）特点：白鹤清酒（图3-8）口感柔和、平衡，带有淡雅的米香和果香。其酿造工艺精湛，品质稳定，深受消费者喜爱。

（3）饮用环境：适合在轻松愉快的氛围中饮用，如朋友聚会或家庭晚餐。

（四）月桂冠

（1）产地：日本京都府。

（2）特点：月桂冠是清酒中的老品牌，口感醇厚、饱满，带有一定的辛辣感和持久的酒香。

（3）饮用环境：适合在较为正式的场合中饮用，如商务宴请或节日庆祝。

（五）南部美人

（1）产地：日本岩手县。

（2）特点：南部美人清酒（图3-9）以其优雅、细腻的口感著称，带有淡雅的香气和柔和的甜味。

（3）饮用环境：适合在宁静的夜晚或浪漫的约会中品尝，增添情调。

图3-8　白鹤清酒

六、清酒的品鉴与服务

（一）清酒的品鉴

1. 看

专业的清酒品鉴师会将酒倒入清酒杯中，看清酒的清澈程度和颜色。自己饮用，也可以使用葡萄酒杯。对清酒来说，一般越透明的越新鲜，而颜色越深，时间就越久。

2. 闻

清酒的香气类型包括果味、香辛味、坚果味、草本味、谷物味、菌菇味、焦糖味、乳酸味等。但随着吟酿系列的兴起，其一改传统清酒重味道而不重气息的特点。吟酿就是需要人像吟诗一样去品尝，逐字体会，再几番咀嚼回味，才能感知那细腻的芬芳。小杯有时不利于人们体会吟酿酒精细华美新鲜的花果香，可选用葡萄酒杯来品尝。

图3-9　南部美人清酒

3. 尝

品尝的时候我们要体会：酒是干型还是甜型？酒体如何？是否酸甜平衡？苦味以及立体感如何？酒精是否辣口？这些都与葡萄酒品鉴类似。但是清酒比葡萄酒多了"鲜"的维度，这是因为其中有更多的氨基酸。

（二）清酒的饮用方法

1. 喝新鲜

与白酒、红酒的饮酒文化相比，清酒对新鲜度要求较高。白酒、红酒常常需要陈年，陈酿越久的老酒越有市场价值。清酒却是越新鲜越好。因为清酒更像是一种兼具保健作用和口感的"食品"，食品当然越新鲜越好，所以以喝生产日期在半年以内的清酒为佳。

2. 加热喝

秋冬喝清酒适合加热饮用，以醇酒和熟酒为宜。将清酒倒入一个小瓷壶，放进装着热水的容器里，隔水加热，温热均匀后即可浅酌低饮。吟酿酒因香气细腻，适合室温 20 ℃左右饮用；本酿酒适合 30 ℃～50 ℃的热饮。温酒，温度不可超过 60 ℃，否则酒味会变酸。

3. 冰镇喝

夏天喝清酒适宜冰饮，可帮助解暑消乏，冰镇清酒以爽酒和熏酒为宜。清酒冰饮最好不要直接往酒里加大量冰块，否则会破坏清酒的酒体结构。可以将杯子放冰箱里冻一会，再倒入清酒就会变凉；也可以将整瓶酒放在加冰的冰桶里冰镇，或者放进冰箱里冰一会儿（要注意时间，防止结冰）。

4. 加小食品

日本人喜欢在清酒中加入一些小食品，像梅子、盐渍樱花之类的，几乎成了一种饮用习惯。日本梅子比较大，不是很酸，泡在杯底如海藻一般，可以一边饮用，一边观赏；盐渍樱花，有别于梅子的风味，好喝、耐泡且十分别致。

复习与思考

1. 试论述黄酒的特点。
2. 请列举几种知名黄酒，并介绍其特点。
3. 试论述黄酒的饮用和保管方法。
4. 试论述啤酒的原料与生产过程。
5. 试列举几种知名啤酒，并介绍其特点。
6. 试论述啤酒的储藏与服务要求。
7. 试论述酒的饮用和保管方法。

知识拓展　啤酒的小世界

模块四　蒸馏酒

1. 掌握蒸馏酒的基本制作工艺和原理。
2. 了解不同种类蒸馏酒的风味特点和品鉴方法。
3. 培养对蒸馏酒文化的兴趣和鉴赏能力。

任务1　中国白酒的服务与品鉴

一、中国白酒的起源

中国白酒由黄酒演化而来，有数千年的酿造历史。早在商朝，人们就用麦曲酿酒。自宋朝以后，开始制作白酒。中国的酿酒技术不断提高，白酒的品种日益增多并且向着低酒度方向发展。

（一）中国酒的起源

1. "上皇兴酒"传说

《黄帝内经·素问》中记载了黄帝与医家岐伯关于制酒的对话。东晋人葛洪在《抱朴子》更是直接说到黄帝曾发明过"酒泉法"，即利用曲米加上丹药造酒。无论是史料文献记载，还是民间传说，根据现代科学分析，这一传说都是不可信的。

2. "仪狄造酒"传说

关于"仪狄造酒"，在《吕氏春秋》《世本》《战国策·魏策》中均有记载，认为仪狄是酒的始作人。当然，很多学者并不相信"仪狄始作酒醪"的说法。

3. "杜康作酒"传说

"杜康作酒"的传说在民间广为流传。曹操在《短歌行》中写道"慨当以慷，幽思难忘。何以解忧？唯有杜康。"在这里，"杜康"已成为美酒的代名词，人们把他视为酿酒祖师爷。杜康是何时、何方人士，学术界莫衷一是，汝阳和白水两地均流传有"杜康酿酒"的"遗址"。

4. "猿猴造酒"传说

猿猴是最古老的灵长类动物。类人猿的智商在自然界生存竞争中得到了极大的发展，"猿猴造酒"有一定的科学道理。猿猴造的是经过自然发酵而成的野果酒。猿猴群居深山老林，把吃剩的野果集中堆放在一起，于是野果自然发酵，产生酒味。猿猴尝后，觉得味道极美，飘飘欲仙，聪明的猿猴便集中采摘、贮藏时果，酝酿成酒。"猿猴造酒"并非虚构，而是有证可考的。

中国科学院古人类研究所杨钟健教授在洪泽湖畔下草湾考证猿人化石，证实了这些猿人是醉倒致死后成为化石的，因而首次将其命名为"醉猿"。2002 年，中国科学院古脊椎动物与古人类研究所专家徐钦琦、计宏祥教授一行，专程对江苏双沟地区下草湾"双沟醉猿"化石发现地做科学考察，进一步证实了前面的考古发现。中国的历史文献对"猿猴造酒"也有相关的记载。《清稗类钞·粤西偶记》中记载："粤西平乐等府，山中多猿，善采百花酿酒。"《紫桃轩杂缀·蓬栊夜话》中记载："黄山多猿猱，春夏采花果于石洼中，酝酿成酒，香气溢发，闻数百步。"不过，猿猴造的酒与人类酿的酒是有质的区别的，它们不可能有意识、有目的地酿酒，它们酿造的酒，是建立在天然果酒基础上的，充其量也只能是带有酒味的野果。

5. "酒星造酒"传说

中国民间流传"酒星造酒"的传说，人们把酒星当作天神，说酒是天上的酒星酿造的。《酒谱》中有这样的记载："天有酒星，酒之作也，其与天地并矣。"然而，考古学家和科学家翻遍了史书，除了卢肇的《逸史》中有"此太白酒星耳，仙格绝高，每游人间饮酒，处处皆至"的寥寥数语外，再也寻觅不到"太白酒星"这个词。不过，在中国几千年来的文学作品中，"酒星"还是屡见不鲜的，最有名的就是唐朝大诗人李白的《月下独酌》："天若不爱酒，酒星不在天。地若不爱酒，地应无酒泉。天地既爱酒，爱酒不愧天。"诗人的形象思维是不能用来佐证"酒星造酒"的。随着科学技术的发展，很多人不再相信"酒造酒"传说。

(二) 中国酒的发展

1. 第一阶段

仰韶文化早期至夏朝初年，为中国酒发展的第一阶段。这一阶段是我国传统酒的启蒙期。用发酵的谷物来制水酒是这一时期酿酒的主要形式。这个时期是原始社会的晚期，人们无不把酒看作一种含有极大魔力的饮料。

2. 第二阶段

夏朝至秦朝，为中国酒发展的第二阶段。这一阶段为我国传统酒的成长期。在这个时期，由于有了火，出现了五谷六畜，加上曲的发明，使我国成为世界上最早用曲酿酒的国家。醴、酒等品种的产出，仪狄、杜康等酿酒大师的涌现，为中国传统酒的发展奠定了坚实的基础。在这个时期，酿酒业得到了很大发展，并且受到重视，官府设置了专门的酿酒机构，酒由官府控制。

3. 第三阶段

第三阶段自秦朝至北宋时期，是我国传统酒的成熟期。在这一阶段中，《酒诰》《齐民要术》等科技著作问世；新丰酒、兰陵美酒等名酒开始涌现；黄酒、果酒、药酒及葡萄酒等酒品也有了发展；李白、杜甫、白居易、杜牧等酒文化名人辈出。各方面的因素促使中国传统酒的发展进入灿烂的黄金时期。

4. 第四阶段

第四阶段自北宋至 1840 年。这一时期，中国的经济、科学技术水平仍然走在世界前列，中西交往频繁，制酒技术得到提高，是我国传统酒的提高期。其间，西域的蒸馏器传入我国，从而促使了举世闻名的中国白酒的发明。李时珍在《本草纲目》记载："烧酒非古法也，自元时始创其法"。属于这个时期的出土文物中，已普遍见到小型酒器，说明当时已普及了酒度较高的蒸馏白酒。其间，白酒、黄酒、果酒、葡萄酒、药酒竞相发展，绚丽多彩。中国白酒深入生活，成为人们普遍接受的饮料佳品。

元明清时期，固态蒸馏工艺被广泛应用于酿酒，蒸馏酒生产遍及全国，新工艺不断被研究和应用，如四川宜宾的杂粮酒方，贵州董公寺的大小曲混合法、茅台的多次蒸馏和回沙工艺，四川泸州的老窖工艺等，奠定了中国近代酿酒技术的基础。药酒的研制、开发成为一时之盛。清末，随着中西方文化的交融，葡萄酒、啤酒工业也发展起来。

5. 第五阶段

自 1840 年至中华人民共和国成立，为中国酒发展的第五阶段，是我国传统酒的变革期。这一时期，中国饱受战乱之苦，被迫开放大量的口岸。外国人的生活方式在客观上使得我国酒苑百花齐放，啤酒、白兰地、威士忌、伏特加及日本清酒等外国酒在我国立足生根；竹叶青、五加皮、玉冰烧等新酒种产量迅速增长；传统的黄酒、白酒品种琳琅满目。

6. 第六阶段

中华人民共和国成立至今，是中国酒发展的第六阶段，也是我国酿酒事业空前繁荣期。国民经济持续稳定增长，人民生活水平普遍提高，酒的消费量大大增加。中国酒的生产进入规范化时代，科技含量增大，制酒水平提高，特别是改革开放后，中国酒的生产出现了新特点：一是酒的产量和品种空前增长；二是出现了改造工艺设备、引进高科技的高潮，并出现了中外合资酒厂。

中华人民共和国成立后，新工艺、新材料、新设备不断在酿酒工业推广应用。麸曲法、液态发酵法、串香法、勾兑调味法等新工艺的应用，提高了酒的质量，开拓了原材料，增加了品种。20 世纪 60 年代以来，对白酒香型的研究命名和香味成分的分析，使人工控制酒的质量和设计酒的风格成为现实。酒的体系更加完备，形成由白酒、黄酒、啤酒、葡萄酒、果露酒等酒构成的中国酒类体系大格局。

二、中国白酒的特点

中国白酒是一种具有悠久历史和独特文化内涵的传统酿造酒品，其特点鲜明，深受国内外消费者的喜爱。

（1）中国白酒的原料选择讲究，主要以高粱、小麦、玉米等为原料，经过精心挑选和处理，保证了酒的品质和口感。在酿造过程中，白酒采用独特的传统固态法发酵酿造工艺，通过制曲、发酵、蒸馏、陈酿、勾调等步骤，形成了白酒特有的风味。

（2）中国白酒的香气独特、宜人，多种香型的酒各有特色。如酱香型白酒以其独特的酱香而著称，口感醇厚，回味悠长；特香型白酒香气独特，如四特酒；老白干香型白酒则以其醇厚的口感和独特的香气而著称，如衡水老白干。这些不同香型的白酒在香气和口感上各具特色，给消费者带来了丰富多样的选择。

（3）中国白酒的口感醇厚、甘润清冽，酒体协调，回味悠久。其口感丰富多变，既有清爽的一面，又有醇厚的一面，给人以极大的欢愉和幸福感。同时，白酒在饮用过程中，还能感受到其尾净爽口、变化无穷，让人回味无穷。

（4）中国白酒具有很高的收藏价值。一些优质的白酒经过长时间的陈酿，口感和品质进一步提升，成为收藏家追捧的珍品。同时，白酒也是中国向外传播的一种文化和商品，其在国际市场上的知名度和影响力也在不断提升。

三、中国白酒的香型及名品

白酒的香型主要取决于生产白酒的工艺和设备。中国白酒的香型丰富多样，每种香型都有其独特的风味和酿造工艺。目前，被国家承认的香型主要有五种：酱香型、浓香型、清香型、米香型和兼香型。然而，在实际分类中，白酒的香型远不止这些，还包括风香型、药香型、芝麻香型、特型、豉香型、老白干型、馥郁香型等多种香型。下面对几种主要香型进行详细介绍。

（一）酱香型

酱香型又称茅香型，以茅台为代表，属于大曲酒类。酱香型白酒具有酱香突出、幽雅细致、酒体醇厚、回味悠长、清澈透明、色泽微黄等特点。主要名品有贵州茅台酒（图4-1）、四川郎酒、遵义珍酒等。

（二）浓香型

浓香型又称泸香型，以四川泸州老窖、五粮液为代表，属于大曲酒类。浓香型白酒具有无色透明（允许微黄）、窖香浓郁、绵甜醇厚、香味协调、尾净爽口等特点。

图4-1　贵州茅台酒

由于酿造受地理条件限制较少，全国各地都有不错的浓香型品牌，从地域上分为三大流派：川派浓香、北派浓香、江淮派浓香。每个流派都有不错的代表品牌。主要名品有四川泸州老窖（图4-2）、四川宜宾五粮液、安徽古井贡酒、河南杜康酒等。

（三）清香型

清香型又称汾香型，以山西汾酒为代表，属于大曲酒类。清香型白酒具有无色透明、清香纯正、后味醇厚、余味净爽等特点。清香型有"一清到底"的特点，也是最容易被接受的白酒，许多白酒新手、外国人对清香型接受程度都很高。主要名品有山西汾阳汾酒（图4-3）、河南宝丰酒、山西祁县六曲香酒等。

图4-2　四川泸州老窖

（四）米香型

米香型又称蜜香型，属于小曲酒类。米香型白酒具有无色透明、蜜香清雅、入口绵甜、落口爽净、回味怡畅等特点。主要名品有桂林三花酒（图4-4）、广东五华县的长乐烧、湖南浏阳河小曲酒等。

（五）兼香型

兼香型，通常又称为复香型，即兼有两种以上主体香气的白酒。这类酒在酿造工艺上吸取了清香型、浓香型和酱香型酒的精华，在继承和发扬传统酿造工艺的基础上独创而成。主要名品有贵州董酒（图4-5）、湖北白云边、安徽口子窖等。

图4-3　山西汾阳汾酒　　　　图4-4　桂林三花酒　　　　图4-5　贵州董酒

四、中国白酒的饮用服务

（一）白酒饮用

白酒是中华民族的传统饮品，常作为佐餐酒饮用。杯具一般为利口酒杯或高脚酒杯，传统为小型陶瓷酒杯。白酒的主要成分为酒精和水，乙醇含量愈高，酒度愈烈，对人体危害愈大。1克乙醇可供热能5千卡，饮适量的白酒，能使循环系统发生兴奋效能。白酒有通风、散寒、舒筋、活血等作用，有失眠症者睡前饮少量白酒，有利于睡眠，并能刺激胃液分泌与唾液分泌，起到健胃作用。但长期大量饮用白酒易导致肝硬化、肝癌或偏瘫。

饮用白酒时，如同时摄入牛奶等甜饮料，吸收速度会降低，但如饮碳酸饮料，则会加速乙醇吸收。所以，合理饮酒应做到以下几点：①每日可适量饮酒；②不要空腹饮酒；③饮酒应吃菜；④饮白酒时不要同时饮碳酸饮料（如苏打水、可乐、雪碧等）。

（二）白酒保存

瓶装白酒应选择较为干燥、清洁、光亮和通风较好的地方保存，相对湿度在70％左右为宜，若温度较高则瓶盖易霉烂。白酒贮存的环境温度不宜超过30℃，严禁靠近烟火；容器封口要严密，防止漏酒和"跑度"。

任务2　白兰地的服务与品鉴

一、白兰地酒的起源

白兰地酒的起源有多种说法。一种观点认为，白兰地起源于法国。从狭义上讲，白兰地是指葡萄发酵后经蒸馏而得到的高度酒精，再经橡木桶贮存而成的酒。

另一种观点认为，世界上最早发明白兰地的应该是中国人。李时珍在《本草纲目》中写道：葡萄酒有两种，即葡萄酿成酒和葡萄烧酒。葡萄烧酒是将葡萄发酵后，用甑蒸之，以器承其滴露。这种方法始于高昌，唐太宗攻破高昌后，该酒传到中原大地。

此外，"白兰地"一词源于荷兰语，意为可燃烧的酒。白兰地酒的问世，始于方便运输。当年法国白葡萄酒的外销主要靠船运，在运输过程中，白葡萄酒难免变质，因此，人们想到用蒸馏的方法将其浓缩，运到之后再兑适量的清水来饮用。这样，在船运时既省地方又不会变质。在一次意外情况下，人们误饮了这种浓缩的白葡萄酒，发现味道更佳。

综上所述，白兰地酒的起源可能有多种，但最早的白兰地酒是以葡萄为原料，经过发酵、蒸馏、橡木桶贮存陈酿、调配而成的酒精饮料。

二、白兰地酒的特点

白兰地酒是一种通过果实浆汁或皮渣发酵、蒸馏而制成的蒸馏酒。它的特点包括以下几个方面：

（1）白兰地酒是一种蒸馏酒，以水果或果汁（浆）为原料，经过发酵、蒸馏、陈酿、调配而成。其色泽通常为淡黄色、金黄色。

（2）白兰地酒的口感醇和优雅，带有果香、花香、烘焙香和陈酿的木香等特殊的香气。入口后会有浓郁的蜂蜜和甜橙的味道，给人以高雅、舒畅的享受。其口感因葡萄原料、酿造工艺、桶藏时间和调配师的不同而有所差异。例如，桶藏时间较短的白兰地酒口感可能醇和不足，而桶藏时间较长的白兰地酒口感柔和，醇厚有力道，香气更为深远。

（3）白兰地酒在酿造过程中，需要经过长时间的陈酿，其目的在于改善产品的色、香、味，使其达到成熟完善的程度。在这个过程中，橡木桶中的单宁、色素等物质会溶入酒中，使酒的颜色逐渐转变为金黄色。同时，经过精心调配，白兰地酒可以展现出各种不同的风味和特色。

三、白兰地酒的产地及名品

白兰地酒通常被称为"葡萄酒的灵魂"，在世界范围内享有很高的声誉。法国出品的白兰地尤为著名，主要产区包括干邑（Cognac）和阿尔玛涅克（Armagnac）地区，其中干邑产区生产的白兰地更是精美绝伦。以下是白兰地酒的一些著名品牌：

（一）干邑地区

1. 马爹利（Martell）

马爹利是一款源自法国干邑地区的著名白兰地品牌，也是世界上最古老、最著名的白兰地酒之一。其历史可追溯至 1715 年，由创始人 Jean Martell 创立，至今已经历八代传承。马爹利酿酒厂是历史最悠久的大型干邑酿造厂之一。马爹利口味轻淡，略带辣味，入口后葡萄香味绵延久留，令人难忘。三星马爹利（图 4 - 6）是其典型代表。此外，VSOP 马爹利（图 4 - 7）具有明显的木桶香及足够的浓度；蓝带马爹利（图 4 - 8）香味

图 4 - 6　三星马爹利　　图 4 - 7　VSOP 马爹利

高雅、华丽、浓郁；拿破仑马爹利（图4-9）是风味协调的上品；超级马爹利（图4-10）是酒龄较长的极品，芳醇绝佳。

图4-8　蓝带马爹利　　　图4-9　拿破仑马爹利　　　图4-10　超级马爹利

2. 人头马（Rémy Martin）

人头马创建于1724年，是世界公认的特优香槟干邑专家。它来自法国干邑地区最中心地带，确保了人头马特优香槟干邑无与伦比的浓郁芬芳。

人头马酒庄经过几个世纪的探索，成就了人头马特优干邑芬芳浓郁、口感醇厚、回味悠长的独特品质。这种品质来源于其独特的酿造工艺和原料选择。人头马在酿造过程中，使用林茂山区的橡木制成的木桶进行长期陈化。这种陈化过程使得酒香更加复杂而深邃，增添了干邑的层次感和丰富性。

在原料选择方面，人头马也非常讲究。酿造"生命之水"的葡萄，55%来自"大香槟区"，45%来自"小香槟区"。这两个地区的气候和土壤条件都非常适合葡萄的生长，因此产出的葡萄品质极高，为酿造优质干邑提供了最好的原料。

人头马品牌中的 V.S.O.P（图4-11）产品，作为全世界最受推崇的 V.S.O.P，其独特的口感和卓越的品质源自人头马对产品质量的严格把控。这款干邑白兰地，在同级别产品中具有领导地位，是 V.S.O.P 的基准。其酒香丰盛、醇香绵密，入口柔和，质地绵密，营造出浓郁持久的余味。每品尝一口，都能让人感受到其成熟水果及细致甘草香气和谐平衡的特点，让人回味无穷。其创始人为雷米·马丁（Rémy Martin）。人头马是率先进入我国的白兰地品牌。

图4-11　V.S.O.P人头马

人头马路易十三（图4-12），由20年酒龄优质白兰地调兑而成，酒质浑然天成、奇香扑鼻、入口柔绵、回味悠长，包装精美，产量甚少，为顶级名品；人头马极品XO（图4-13），酒质香醇浓郁、雄劲，瓶身凹凸有致，典雅华贵，为XO中的极品。

图4-12　人头马路易十三　　　　　图4-13　人头马极品XO

3. 轩尼诗（Hennessy）

轩尼诗历史可以追溯到1765年，由理查德·轩尼诗在法国干邑地区创立，是世界上三大干邑品牌之一。

轩尼诗的创始人理查德·轩尼诗是一位在路易十五手下当兵的爱尔兰人，他英勇善战，因此很快被提升为上尉，并获得了一枚勋章，代表勇敢和财富。当他来到法国南部干邑地区时，被当地的美景所吸引，决定卸甲归田，并在1765年开创了轩尼诗这个品牌。轩尼诗商标为持武器的皇家侍卫轩尼诗。目前，该品牌已牢固地占领了亚洲市场。

轩尼诗根据全球消费者不同的口感需求，推出了多款独具特色的产品，如轩尼诗新点、轩尼诗V.S.O.P、轩尼诗百乐廷、轩尼诗皇禧以及轩尼诗理查德等。这些产品在全球范围内都受到了消费者的广泛喜爱和认可。

其中，轩尼诗百乐廷酒以其细腻的口感、优雅的香气和丰富的果味而闻名于世。它的口感柔和、香浓，常被描述为优雅、富有层次感、回味无穷。同时，百乐廷酒的浓郁香气中充满了成熟的蜜糖和波旁香草的味道，还带有少许橡木的深入感，烟熏香与温暖的乳沫混合在一起，十分诱人。

轩尼诗在酿造过程中非常注重技艺和细节。例如，轩尼诗百乐廷酒使用双重蒸馏技术，确保酒体中的杂质被完全去除，产生高品质的基酒。基酒完成后，酒液会被装入波旁橡木桶进行陈酿，进一步提升其口感和品质。

在品牌影响力方面，轩尼诗也表现出色。在2019年10月发布的Interbrand全球品牌百强榜中，轩尼诗排名第95位，这充分显示了其在全球范围内的品牌实力和市场地位。

（二）阿尔玛涅克（Armagnac）地区

1. 沙度拉堡（Château de Laubade）

沙度拉堡是阿尔玛涅克地区最优秀的酒庄之一。例如，沙度拉堡1984年份的阿尔玛涅克，是该酒庄的经典之作，由同年采摘的葡萄酿造而成，具有复杂而丰富的口感；其VSOP级别产品是由下阿尔玛涅克地区6至12年陈酿的酒液调配而成，香气芬芳，有紫罗兰、牛轧糖和香草的香气，口感丰富，余味悠长，曾获2010年世界烈酒大赛的金牌。

2. 德拉尔（Delord）

Delord品牌的25年阿尔玛涅克，呈现出华丽的深红褐色。初闻有糖渍橙皮、丁香和香草的香气，随后能品尝到香料面包、榅桲酱和坚果的味道，口感醇厚，余味丝滑，还带有姜、咖啡、黑巧克力和丰富的陈酿香气。

3. 阿顿城堡（Château Arton）

阿顿城堡的"拉·雷瑟夫（La Réserve）"产品是由上阿尔玛涅克地区6至11年陈酿的酒液调配而成，由帕特里克·德·蒙塔尔（Patrick de Montal）亲手挑选和调配，无添加剂，曾获得法国农业部颁发的卓越奖。

此外，其他地区的白兰地酒品牌也值得品尝，如德国、芬兰、美国和日本等地的白兰地酒。在选择白兰地酒时，可以根据自己的口味和预算来挑选。白兰地酒的品质与其陈酿时间有很大关系，因此可以根据橡木桶的使用情况和酒的年份来判断其品质。

四、白兰地酒的饮用

白兰地酒的饮用方式有以下几种：

1. 直饮

白兰地酒最传统的饮用方式是直接饮用。在品尝前，先观察酒的色泽和稠度，然后轻轻摇晃酒杯，让酒香充分散发出来。在品尝时，注意让酒液在口腔中停留片刻，以便充分感受其风味。

2. 加冰

在炎热的夏天，为了减轻白兰地的酒精刺激，可以在酒中加入冰块。加冰可以使酒的口感更加清爽，同时也可以使酒的味道更加柔和。

3. 混饮

白兰地酒可以与其他饮料混合饮用，如可乐、姜汁啤酒、果汁等。这种饮用方式可以使白兰地的口感更加丰富，同时也能减轻其酒精刺激。

4. 配餐

饮用白兰地酒时，可以搭配甜点、奶酪或者烟熏肉等食物。合理的搭配可以使白兰地的口感更加丰富，同时也可以使餐食更美味。

无论选择哪种饮用方式，都要注意控制饮酒量，以免对健康造成不良影响。同时，在品尝白兰地酒时，要慢慢品味，欣赏其独特的风味和口感。

任务3　威士忌的服务与品鉴

一、威士忌酒的历史

威士忌酒（Whisky）是从一种名为"生命之水"的饮料发展而来的。

15世纪，爱尔兰的修道士将威士忌蒸馏技术带到了苏格兰。苏格兰威士忌最初是作为一种药用饮品，主要用于驱寒和治疗疾病。

随着时间的推移，威士忌酒逐渐发展成为一种日常饮品。16世纪至17世纪，苏格兰的威士忌酒厂数量逐渐增多。然而，当时大量的威士忌酒是通过非法蒸馏厂生产的。这些非法蒸馏厂往往设备简陋，生产出来的威士忌品质参差不齐，导致苏格兰威士忌的名声受损。

直到19世纪初，英国政府开始对威士忌酒征收重税，促使许多非法蒸馏厂转为合法生产。随着生产技术和设备的改进，苏格兰威士忌的品质得到了显著提高。苏格兰威士忌已成为世界上著名的烈性酒之一，受到世界各地消费者的喜爱。

二、威士忌酒的特点

威士忌酒是一种通过谷物发酵、蒸馏而制成的烈性酒。

1. 酒精度

威士忌酒的酒精度通常较高，一般为40%～60%。这使得威士忌具有一定的烈性，饮用时需注意控制饮酒量。

2. 颜色和口感

威士忌酒呈金黄色或琥珀色，口感醇厚、丰满。根据原料和制作工艺的不同，威士忌的口感和风味也有所差异，如烟熏味、香甜味、果味等。

3. 原料

威士忌酒的主要原料是谷物，包括大麦、玉米、小麦、黑麦等。不同类型的威士忌酒会根据原料和制作工艺的特点而有所区别，如纯麦芽威士忌（Straight Malt Whisky）、谷物威士忌（Grain Whisky）和混合威士忌（Blended Scotch Whisky）。

（1）纯麦芽威士忌是以在露天泥煤上烘烤的大麦芽为原料，用罐式蒸馏器蒸馏后，入特制木桶中陈酿，装瓶前用水稀释。此酒烟熏味浓重，口味凶烈，深受苏格兰人喜爱，但外销较少，相当一部分用于勾兑混合威士忌。

（2）谷物威士忌是以多种谷物，如荞麦、黑麦、大麦、小麦、玉米等，一次蒸馏而成。它烟熏味较淡，酒力也不强，在市面上销售较少，主要用于勾兑其他威士忌，形成风格各异的混合威士忌。

（3）混合威士忌是指用纯麦芽威士忌和其他威士忌勾兑而成的酒。经过混合，原有的麦芽味已经被冲淡，风味协调，畅销世界各地。根据纯麦芽威士忌与其他威士忌的比例关系，混合威士忌有普通和高级之分。纯麦芽威士忌用量低于50％者，为普通威士忌；纯麦芽威士忌的用量为50％～80％，为高级混合威士忌。高级混合威士忌很受欢迎，是苏格兰威士忌的精华所在。

4. 陈酿过程

威士忌酒通常需要在橡木桶中陈酿一定时间，以获得更丰富的风味和颜色。陈酿时间会影响威士忌的口感和品质，一些高品质的威士忌酒会经过几十年的陈酿。

5. 风味

威士忌酒的风味与其原料、制作工艺和陈酿过程有关。例如，苏格兰威士忌具有独特的烟熏味，而美国波旁威士忌则带有香甜的玉米味。

总之，威士忌酒具有丰富的口感和风味，是一种深受世界各地消费者喜爱的烈性酒。在品鉴威士忌时，可以根据个人喜好和酒的类型来选择合适的饮用方式。

三、威士忌酒的产地及名品

威士忌酒在全球范围内有许多不同的产地，每个产地都有其独特的特点和名品。以下是一些主要的威士忌酒产地及知名品牌。

（一）苏格兰

苏格兰威士忌是世界著名的威士忌酒之一，具有深厚的历史背景和独特的酿造工艺。苏格兰威士忌色泽棕黄带红，清澈透明，气味焦香，带有一定的烟熏味，具有浓厚的苏格兰乡土气息。苏格兰威士忌的口感丰富多样，以清冽、醇厚、劲足和圆润的口感著称。

苏格兰威士忌的酿造过程十分讲究。首先，处理大麦，使其发芽并转化为糖分；接着进行研磨，提取糖分；然后通过糖化过程，将糖分转化为可发酵的物质；随后进行发酵，生成酒精和其他风味物质；再进行蒸馏，通常使用二次蒸馏工艺，得到初步的威士忌酒液；最后，将蒸馏后的威士忌酒液放入橡木桶中进行陈年储藏，这个过程不得少于3年，可使酒液充分吸收橡木的香气并改善色泽。

苏格兰威士忌品牌众多，主要分为四大类：单一麦芽威士忌、混合麦芽威士忌、单一谷物威士忌和混合谷物威士忌。其中，单一麦芽威士忌最为知名，例如格兰菲迪（Glenfiddich）（图4-14）、拉弗格（Laphroaig）（图4-15）和阿贝（Ardbeg）（图4-16）等。

图4-14 格兰菲迪（Glenfiddich）

图 4 - 15　拉弗格（Laphroaig）　　　　　图 4 - 16　阿贝（Ardbeg）

（二）爱尔兰

爱尔兰威士忌是一种经过蒸馏所制造的威士忌，具有浓郁的果香味和柔和的口感，是世界著名的威士忌之一。

爱尔兰威士忌的酿造工艺主要包括麦芽处理、发酵、蒸馏和成熟四个步骤。首先，大麦经过浸泡、晾干和发芽，产生麦芽。然后，麦芽在烘干室中烘干。接着，将烘干的麦芽与烤麦芽混合，加入温水进行发酵，产生被称为"麦芽酒"的液体。随后，将"麦芽酒"加热蒸馏，得到高度浓缩的威士忌酒液。最后，蒸馏出的威士忌酒液在橡木桶中成熟，与橡木桶内的空气接触，口感变得更加柔和、复杂。

与苏格兰威士忌相比，爱尔兰威士忌口感更柔和、更圆润，这是因为其经过了三次蒸馏过程。此外，爱尔兰威士忌不使用泥煤烘烤，因此酒液中没有烟熏味，口感细腻顺滑，酒体丰满。

爱尔兰威士忌产区虽然面积较小，但其对威士忌蒸馏的贡献非常大。目前，爱尔兰威士忌酒厂生产的爱尔兰威士忌在全球都享有盛誉。爱尔兰威士忌采用混合原料，包括大麦、小麦、燕麦及黑麦；以无烟煤烘干麦芽；陈酿期长，内销产品最短酒龄为三年，名品酒龄为 12 年以上。著名的爱尔兰威士忌品牌包括詹姆森（Jameson）、布什米尔斯（Bushmills）和图拉多（Tullamore Dew）等。

（三）美国

美国威士忌，作为威士忌世界中的重要一员，以其独特的风味和酿造工艺赢得了全球消费者的喜爱。其历史可追溯至 17 世纪初，当英国在北美洲的殖民地开始建设时，蒸馏机和威士忌酿造技术也随之传入，从而开启了美国威士忌的篇章。

美国威士忌的原料通常包括玉米、黑麦、大麦及小麦。在酿造过程中，各种原料的比例和混合方式会直接影响威士忌的口感和风味。特别值得一提的是波旁威士忌，它至少使用51%的玉米谷物作为原料，经过发酵和蒸馏后，装入新的炭烧橡木桶中陈酿，通常陈酿时间为4～8年，其口感醇厚，带有独特的果香和香料气息。

美国威士忌的种类繁多，除了波旁威士忌外，还有黑麦威士忌、保税威士忌等多种类型。其中，黑麦威士忌以不少于80%的玉米和其他谷物为原料，口感浓烈，风味独特。而保税威士忌则需在特定条件下陈酿，以符合税法规定。

在品牌方面，美国威士忌主要包括波旁威士忌（Bourbon Whiskey）、田纳西威士忌（Tennessee Whiskey）和瑞格威士忌（Rye Whiskey）等。其中，波旁威士忌以其香甜的玉米味著称，例如占边（Jim Beam）、杰克·丹尼（Jack Daniel's）等。

（四）加拿大

加拿大威士忌是一种只在加拿大制造的清淡威士忌，以连续式蒸馏制造出来的谷物威士忌作为主体，再以壶式蒸馏器制造出来的裸麦威士忌增添其风味与颜色。它通常使用包括玉米、裸麦、裸麦芽与大麦芽等多种谷物材料来制作，这种多样化的原料选择使得加拿大威士忌在口感和风味上具有丰富的层次。

加拿大威士忌在蒸馏完成后，会在白橡木桶中陈酿至少三年，这一陈酿过程使得威士忌能够充分吸收橡木的香气，从而改善色泽，并增添一种独特的木质香气。由于其进行连续式的蒸馏，加拿大威士忌号称"全世界最清淡的威士忌"，口感淡，质润滑，因此也有人戏称加拿大威士忌为"棕色伏特加"。

加拿大威士忌在五大威士忌中是最清淡的，经常被作为鸡尾酒的基酒，例如加拿大俱乐部（Canadian Club）就是加拿大威士忌的代表之一，其纯净没有杂味，非常适合做鸡尾酒的基酒。此外，加拿大皇冠威士忌（Crown Royal）、艾伯塔威士忌（Alberta）和施格兰特酿（Seagrams V.O）等也是加拿大威士忌的知名品牌。

（五）日本

日本威士忌是一种融合了传统酿造工艺与现代技术的酒类，以其独特的风味和品质在全球范围内赢得了美誉。

日本威士忌的酿造过程十分复杂，通常包括发酵、蒸馏、陈酿和装瓶等环节。其原料主要为麦芽、玉米、大米等多种谷物，这些原料的选择和比例对最终的口感和风味有着至关重要的影响。

在发酵阶段，日本威士忌的发酵时间通常较长，这有助于产生更加丰富和复杂的香气和味道。而在蒸馏和陈酿过程中，日本威士忌也注重细节和技术的运用，以确保酒的品质和口感达到最佳状态。

日本威士忌的口感细腻柔滑，香味浓郁芬芳，回味悠长。其味道醇厚、细腻而浓郁，并含有多种不同种类的风味物质。此外，日本威士忌还有多种不同口味供人们选择，比如香草味、辛辣味等，以满足不同消费者的口味需求。

日本威士忌的独特之处还在于其融合了其他酒种的特点，如德国和美国的强酸饮料，使其口感更加复杂和丰富。

四、威士忌的饮用服务

威士忌的饮用服务可以根据个人喜好和场合进行调整。以下是一些饮用方式和服务建议。

1. 纯饮

纯饮是指将威士忌直接倒入酒杯中，不添加任何其他成分。这种方式可以充分体现威士忌本身的风味和特点。在为客人提供纯饮威士忌时，可以先将酒杯预热，然后倒入适量的威士忌，让客人在室温下品尝。

2. 加冰

加冰是指在威士忌中加入冰块。冰块可以使威士忌稍微降温，减轻酒精刺激，同时释放更多的香气。在为客人提供加冰威士忌时，可以先将冰块放入酒杯，然后倒入适量的威士忌。

3. 混饮

混饮是指将威士忌与其他饮料混合，如苏打水、柠檬汁、糖浆等，调制成鸡尾酒。混饮可以减轻威士忌的烈性，使其口感更加柔和。在为客人提供混饮威士忌时，可以根据客人的口味喜好和场合选择合适的配方，然后将各种成分混合均匀，最后倒入酒杯中。

4. 品鉴

品鉴是指在安静的环境中，通过观察、闻香、品尝等步骤，仔细体验威士忌的风味特点。在为客人提供品鉴服务时，可以先将威士忌倒入适当的品鉴杯中，然后引导客人观色、闻香、品尝、回味。

在为客人提供威士忌酒的饮用服务时，可以根据客人的喜好和场合选择合适的饮用方式。同时，注意控制威士忌的饮用量，以免过量饮酒对健康造成不良影响。

任务4　其他蒸馏酒的服务与品鉴

一、金酒的特点和饮用服务

（一）金酒概述

金酒，又称杜松子酒或琴酒，是一种以粮谷等为原料，经过糖化、发酵、蒸馏得到的基酒，再加入包括杜松子在内的植物香源浸提或串香复蒸馏制成的蒸馏酒。

在金酒的生产过程中，除了杜松子，还使用了许多其他的香料，如芫荽、菖蒲根、小豆蔻、当归、香菜子、茴香、甘草、橘皮、八角茴香及杏仁等。这些香料给金酒带来了复杂而丰富的风味。金酒的制法主要有浸蒸法、串蒸法和共酵法三种，每种方法都能使酒液充分吸收香料的香气和味道。

（二）金酒的种类

最著名的金酒种类有英国金酒、荷兰金酒和美国金酒等。

1. 英国金酒

英国金酒又称干金酒，是用玉米、大麦芽和其他谷物搅碎、加热、发酵、蒸馏两次而得。英国金酒无色透明，气味清香，口感醇美爽适。常见的品牌有哥顿金酒、必富达金酒等。

2. 荷兰金酒

荷兰金酒以大麦芽与裸麦等为主要原料，配以杜松子为调香材料，经发酵后蒸馏获得谷物原酒，再加入杜松子香料再次蒸馏而得。荷兰金酒色泽透明清亮、香料味浓，辣中带甜，风格独特。名品主要有波尔斯、哈瑟坎坡、波克马、亨克斯。

3. 美国金酒

美国金酒主要有蒸馏金酒和混合金酒两大类。通常情况下，美国的蒸馏金酒在瓶底有字母"D"，这是美国蒸馏酒的特殊标志。混合金酒：在干金酒中加入了成熟的水果和香料，例如柑橘金酒、柠檬金酒、姜汁金酒等，这类金酒口感更为丰富，果香四溢。

（三）金酒的特点

金酒具有以下特点：

1. 酒精度较高

金酒的酒精度通常较高，一般为 $40\% \sim 50\%$。

2. 杜松子香气

金酒的主要特点是含有浓郁的杜松子香气，这也是其名字的来源。

3. 多样性

金酒有许多不同的类型和风格，如伦敦干金酒、老汤姆金酒、荷兰金酒等，每种金酒都有其独特的口感和特点。

4. 适合调制鸡尾酒

金酒具有浓郁的香气，适合与各种饮料搭配调制鸡尾酒，如经典的金汤力和马天尼等。

（四）金酒的饮用服务

金酒的饮用服务可以根据个人喜好和场合进行调整，以下是一些建议的饮用方式：

1. 纯饮

将金酒直接倒入酒杯中，不添加任何其他成分。这种方式可以充分体现金酒本身的风味和特点。

2. 加冰

在金酒中加入冰块，可以使金酒稍微降温，减轻酒精刺激，同时释放更多的香气。

3. 混饮

将金酒与其他饮料混合，如苏打水、汤力水、柠檬汁等，调制成鸡尾酒。混饮可以减轻金酒的烈性，使其口感更加柔和。

4. 鸡尾酒会服务

在鸡尾酒会上，可以提供各种以金酒为基础的鸡尾酒，如金汤力、马天尼等，供客人品尝。

在为客人提供金酒饮用服务时，可以根据客人的喜好和场合选择合适的饮用方式。同时，注意控制金酒的饮用量，以免过量饮酒对健康造成不良影响。

二、伏特加的特点和饮用服务

伏特加在全球范围内的流行反映了其独特的魅力和品质。它以纯净、清爽的口感和高度烈性而受到消费者的喜爱。无论是作为单品饮用还是作为鸡尾酒的基酒，伏特加都能展现出其独特的风味和个性。

(一)伏特加的种类

伏特加根据不同的分类标准有多个种类：

1. 根据生产原料和方式分

(1) 俄罗斯伏特加：最初使用大麦为原料，后来逐渐改用含淀粉的马铃薯和玉米。其独特之处在于过滤过程中使用了白桦活性炭，以去除油类、酸类、醛类、酯类和其他微量元素，得到非常纯净的伏特加。知名品牌包括波士伏特加、苏联红牌等。

(2) 波兰伏特加：酿造工艺与俄罗斯相似，但加入了植物果实等调香原料，使其酒体更为丰富和韵味十足。知名品牌包括维波罗瓦等。

(3) 美国伏特加：具有自己的特色品牌，如宝狮伏特加、沙莫瓦和菲士曼伏特加。

2. 根据口感和用途分

(1) 中性伏特加：是伏特加酒中的主要产品，无色无味，几乎可以与任何一种饮料混合，增加饮品的力度，而不会改变其味道，适合作为基酒来调酒。

(2) 加味伏特加：这种伏特加加入了各种颜色、风味的水果或香料，使其口感更为丰富多样。

(3) 金黄色伏特加：需要在酒桶中陈酿的伏特加产品，具有独特的风味和口感。

3. 根据酿造工艺分

(1) 纯酿造型伏特加酒：使用传统的伏特加酿造技术，保留了大部分天然成分，风格突出，易被多数国家的饮用者接受。

(2) 纯净调制型伏特加酒：用纯净的饮用水、超纯中性酒精及特殊风味物质调配而成，特别适合调制鸡尾酒。

（3）酿造、调制结合型伏特加酒：结合了前两者的特点，既有酿造风格，又有新的纯净风格。

（4）营养型伏特加酒：在上述三种伏特加的基础上，加入了蜂蜜、特殊药用植物或部分动物入药成分，使其具有一定的药用价值。

此外，伏特加还可以根据酒精含量、酿造地区等进行分类。例如，根据酒精含量的不同，伏特加可以分为不同的度数等级；根据酿造地区的不同，伏特加可以分为国产伏特加和进口伏特加等。

（二）伏特加的特点

（1）伏特加以其纯净且浓烈的口感而著称。在酿造过程中，伏特加经过精细的蒸馏和过滤，去除了大部分杂质，使得酒质晶莹清澈，口感纯净。同时，伏特加的酒精度数较高，有浓烈的刺激感。

（2）伏特加具有高度的灵活性和适应性。它既可以作为单品直接饮用，又可以作为鸡尾酒的基酒，与各种饮料、果汁或其他酒类混合调制，创造出丰富多样的口感和风味。

（3）伏特加在酿造原料上并没有特殊要求，可以使用马铃薯、大麦、黑麦、玉米等多种农作物作为原料。不同的原料会给伏特加带来不同的风味特点，例如马铃薯伏特加往往带有淡淡的土味和奶油般的质感，而黑麦伏特加口感则更劲一些，并伴有淡淡的香料的味道。

（4）伏特加的传统酿造工艺也对其特点的形成起到了关键作用。在酿造过程中，伏特加会经过精馏法蒸馏出含高度酒精的酒液，再经过活性炭过滤和蒸馏水稀释等步骤，最终得到口感纯净、清爽的伏特加酒。

总的来说，伏特加以其纯净、浓烈、灵活和多样的特点，成为全球范围内备受欢迎的酒类之一。无论是作为单品饮用还是被用于调制鸡尾酒，伏特加都能展现出其独特的风味和魅力。

（三）伏特加的饮用服务

首先，温度控制是伏特加饮用服务中不可或缺的一环。通常情况下，伏特加应该在冷藏或温室的温度下饮用（4 ℃～16 ℃）。这种适中的温度有助于保留伏特加的纯净口感和香气，避免过冷或过热对酒质产生不良影响。

其次，酒杯的选择对于伏特加的品尝体验至关重要。传统的伏特加酒杯通常是小型杯子，如切尔诺彼尔切杯。这种杯子有助于将伏特加的香气和风味集中在较小的空间内，便于品鉴。酒杯应该干净、透明，以便观察伏特加的色泽和清澈度。

饮用伏特加时，建议直接品尝其原始风味。也可以在伏特加中加入冰块，可以使伏特加稍微降温，减轻酒精刺激，同时释放更多的香气。如果需要添加其他成分，可以选择少量的橙汁、柠檬汁、汤力水等，调制出各种美味的鸡尾酒。

在服务过程中，伏特加应该储存在干燥、黑暗和阴凉的地方，以保持其品质和口感。在酒吧或餐厅中，应该将伏特加存放在冷藏柜中，并在提供时迅速冷冻至适宜的温度。

最后，伏特加的饮用服务还应关注社交和礼仪方面。在俄罗斯等伏特加文化盛行的地区，饮用伏特加往往伴随着特定的仪式和社交活动，如与朋友或家人一起饮用，分享故事等。这种仪式性的饮用有助于加强人际关系和培养亲密感。

三、朗姆酒的特点和饮用服务

（一）朗姆酒的种类

朗姆酒是一种以甘蔗汁、甘蔗糖蜜、甘蔗糖浆或其他甘蔗加工产物为原料，经过发酵、蒸馏、陈酿、调配而成的蒸馏酒。它原产于古巴，口感甜润、芬芳馥郁，并可根据不同的原料和酿造方法进行多种分类。

根据酿造方法和风味特征，朗姆酒可以分为浓香型和香型。浓香型朗姆酒首先将甘蔗糖澄清，接入能产生丁酸的细菌和能产出酒精的酵母菌进行发酵，然后经过蒸馏和陈酿，最终得到琥珀色或淡棕色的成品酒。香型朗姆酒则是将甘蔗糖与酵母混合发酵，发酵期较短，经过蒸馏和陈酿后，得到浅黄色或金黄色的成品酒，以古巴朗姆酒为代表。

根据酒液的色泽，朗姆酒可以分为银朗姆（Silver Rum）、金朗姆（Golden Rum）和黑朗姆（Dark Rum）。银朗姆又称白朗姆，是蒸馏后的酒经过活性炭过滤并在橡木桶中陈酿一年以上得到的，酒味较干，香味不浓。金朗姆又称琥珀朗姆，是将蒸馏后的酒存入内侧灼焦的旧橡木桶中至少陈酿三年得到的，酒色较深，酒味略甜，香味较浓。黑朗姆又称红朗姆，是在生产过程中加入香料汁液或焦糖调色剂得到的，酒色浓重，口感芳醇。

根据原料和酿造方法的不同，朗姆酒还可以分为朗姆白酒、朗姆老酒、淡朗姆酒、朗姆常酒和强香朗姆酒等。这些朗姆酒在含酒精量、色泽和口感等方面都有所不同。

朗姆酒的代表品牌主要有百加地（Bacardi）、摩根船长（Captain Morgan）等，这些品牌以其独特的口感和品质赢得了全球消费者的喜爱。

（二）朗姆酒的特点

朗姆酒的特点如下：

1. 多样性

朗姆酒的原料和生产过程具有多样性，因此其风味和特点也各不相同。根据原料、蒸馏方法、陈酿时间等因素，朗姆酒可分为白朗姆、金朗姆、黑朗姆等不同类型。

2. 甘蔗原料

朗姆酒以甘蔗汁或甘蔗糖蜜为原料，具有独特的甜味和香气。

3. 浓郁的香气

朗姆酒具有浓郁的香气，包括焦糖、水果、香草、木桶等不同的风味。

4. 高酒精度

朗姆酒的酒精度通常较高，一般为 $40\%\sim50\%$。

（三）朗姆酒的饮用服务

朗姆酒的饮用服务可以根据个人喜好和场合进行调整，以下是一些建议的饮用方式：

1. 纯饮

将朗姆酒直接倒入酒杯中，不添加任何其他成分。这种方式可以充分体现朗姆酒本身的风味和特点。

2. 加冰

在朗姆酒中加入冰块，可以使朗姆酒稍微降温，减轻酒精刺激，同时释放更多的香气。

3. 混饮

将朗姆酒与其他饮料混合，如柠檬汁、菠萝汁、可乐等，调制成鸡尾酒。混饮可以减轻朗姆酒的烈性，使其口感更加柔和。经典的朗姆酒鸡尾酒包括莫吉托、椰林飘香和朗姆可乐等。

4. 鸡尾酒会服务

在鸡尾酒会上，可以提供各种以朗姆酒为基础的鸡尾酒，供客人品尝。

在为客人提供朗姆酒饮用服务时，可以根据客人的喜好和场合选择合适的饮用方式。同时，注意控制朗姆酒的饮用量，以免过量饮酒对健康造成不良影响。

四、特基拉酒的特点和饮用服务

（一）特基拉酒概述

特基拉酒，又称龙舌兰特基拉或龙舌兰酒，是一种源自墨西哥的烈性酒，以其独特的风味和历史悠久的制作方法而闻名于世。

在酿造过程中，特基拉酒以蓝色龙舌兰植物为原料，经过收割、烤熟、压碎、提取汁液、发酵和蒸馏等多个步骤精心制作而成。其口感浓烈，带有龙舌兰独特的芳香味，酒精度数为 $38\sim45$ 度，深受消费者喜爱。

（二）特基拉酒的特点

特基拉酒的酒香突出，口味凶烈，可不需陈酿直接上市，也可用橡木桶陈酿，陈酿时间不同，颜色和口味差异较大。透明无色特基拉酒无须陈酿；银白色酒贮存期最多 3 年；金黄色酒贮存期为 $2\sim4$ 年；特级特基拉酒需更长的贮存期。酒精度为 $35\%\sim55\%$。

特基拉酒特点如下：

1. 原料独特

特基拉酒以蓝色龙舌兰的果实为原料，具有独特的香气和味道。

2. 龙舌兰香气

特基拉酒具有浓郁的龙舌兰香气，同时可能包含水果、香草、木桶等不同的风味。

3. 酒精度较高

特基拉酒的酒精度较高，一般为 $40\% \sim 50\%$。

4. 陈酿差异

根据陈酿时间的不同，特基拉酒可分为无色（Blanco/Silver）、陈酿（Joven/Oro）、Reposado、Añejo 和 Extra Añejo 等类型。

（三）特基拉酒的饮用服务

特基拉酒的饮用服务可以根据个人喜好和场合进行调整，以下是一些建议的饮用方式：

1. 纯饮

将特基拉酒直接倒入酒杯中，不添加任何其他成分。这种方式可以充分体现特基拉酒本身的风味和特点。

2. 加冰

在特基拉酒中加入冰块，可以使特基拉酒稍微降温，减轻酒精刺激，同时释放更多的香气。

3. 混饮

将特基拉酒与其他饮料混合，如柠檬汁、橙汁、汤力水等，调制成鸡尾酒。混饮可以减轻特基拉酒的烈性，使其口感更加柔和。经典的特基拉酒鸡尾酒包括玛格丽特和龙舌兰日出等。

4. 鸡尾酒会服务

在鸡尾酒会上，可以提供各种以特基拉酒为基础的鸡尾酒，供客人品尝。

在为客人提供特基拉酒饮用服务时，可以根据客人的喜好和场合选择合适的饮用方式。同时，注意控制特基拉酒的饮用量，以免过量饮酒对健康造成不良影响。

▷ 复习与思考

1. 蒸馏酒的概念、特点及简单的生产工艺是怎样的？

2. 橡木桶储酒对酒品的影响有哪些？

3. 白兰地酒标上英文字母的含义是什么？它与酒品质量的关系是怎样的？

4. 简述苏格兰威士忌与美国威士忌的异同点。

知识拓展　中国酒礼

模块五　鸡尾酒

✎ **学习目标**

1. 掌握鸡尾酒的基本调制方法，能够独立完成经典鸡尾酒的调制。
2. 了解不同鸡尾酒的风味特点，能够根据个人口味进行创新和调整。
3. 学习鸡尾酒的品鉴技巧，提升对酒类饮品的鉴赏能力。
4. 通过学习鸡尾酒文化，加深对酒文化的理解。

任务1　鸡尾酒的定义与基本结构

一、鸡尾酒的定义

鸡尾酒，作为一种混合饮品，是酒水文化中一颗璀璨的明珠。它由两种或两种以上的酒水、饮料等混合而成，具有独特的营养价值和欣赏价值。在调制过程中，基酒的选择至关重要，它奠定了鸡尾酒的基调与风味。常见的基酒包括朗姆酒、金酒、龙舌兰、伏特加、威士忌、白兰地等烈酒或葡萄酒，它们各自独特的口感和香气给鸡尾酒带来了丰富的层次。

除了基酒，鸡尾酒的调制还需辅以其他材料，如果汁、蛋清、苦精、牛奶、咖啡、糖等。这些辅料的加入不仅丰富了鸡尾酒的口感，还为其增添了视觉上的美感。调制过程中，搅拌或摇晃的技巧也至关重要，它们影响着鸡尾酒中各成分的融合程度与口感。

鸡尾酒的种类繁多，既有固定的经典款式，又有调酒师现场发挥创意的不定型鸡尾酒。不同的鸡尾酒，其口感、香气和外观都有所不同，有的清新爽口，有的浓郁醇厚，有的色彩缤纷，有的清澈透明。这些差异使得鸡尾酒在酒水文化中独树一帜，深受人们喜爱。

鸡尾酒是一种混合酒，是以各种蒸馏酒、利口酒和葡萄酒为基本原料，再配以其他材料，如柠檬汁、苏打水、汽水、奎宁水、矿泉水、糖浆、香料、牛奶、鸡蛋、咖啡等混合而成，并以一定的装饰物作为点缀的酒精饮料。调制鸡尾酒的目的实际上是将高酒度的酒转化为低酒度的饮料。

二、鸡尾酒的特点

(一) 色彩丰富，外观新颖

鸡尾酒的色彩丰富多变，从浅黄到深红，从翠绿到蔚蓝，每一种颜色都代表着不同的口感和风味。它的外观造型新奇独特，通过不同材料的搭配和调制技巧，可以呈现出层次分明的色彩和精美的装饰，使人一见倾心。

(二) 口感独特，层次丰富

鸡尾酒由多种材料混合而成，口感丰富多变。每一口都能品尝到不同的味道，其既有酒类的醇厚，又有果汁的甜美，还有汽水的清爽，让人回味无穷。

(三) 香味变幻无穷

鸡尾酒中的酒类、果汁、香料等材料，都能散发出独特的香味。这些香味在混合后，会产生更加丰富和复杂的香气，让人沉醉其中。

(四) 酒精含量多样

鸡尾酒的酒精含量可以根据需要进行调整，从低度到中度，再到高度，都有相应的配方。这使得鸡尾酒能够适应不同人的口味和需求，无论是喜欢清淡口感的人，还是喜欢浓烈口感的人，都能找到适合自己的鸡尾酒。

(五) 文化内涵丰富

鸡尾酒融合了多国的酒文化，每一种鸡尾酒都有其独特的起源和背后的故事。通过品尝鸡尾酒，可以了解不同国家的文化和传统，感受到世界酒文化的博大精深。

(六) 调制技巧独特

鸡尾酒的调制需要一定的技巧和专业知识。从选材、搭配到调制顺序，都需要经过精心的设计和实践。调制好的鸡尾酒不仅口感好，而且外观美，能够给人带来视觉上和味觉上的双重享受。

三、鸡尾酒的基本结构

鸡尾酒的种类款式繁多，调制方法各异，但任何一款鸡尾酒的基本结构都有共同之处，即由基酒、辅料和装饰物三部分组成。鸡尾酒的基本结构可以用公式来表示：鸡尾酒＝基酒＋辅料＋装饰物。

(一) 基酒

基酒，又称为鸡尾酒的酒底，是构成鸡尾酒的主体，决定了鸡尾酒的酒品风格和特色，常用作鸡尾酒的基酒主要包括各类烈性酒，如金酒、白兰地、伏特加、威士忌、朗姆酒、特基拉酒、中国白酒等，葡萄酒、葡萄汽酒、配制酒等也可作为鸡尾酒的基酒，无酒精的鸡尾酒则以软饮料调制而成。

基酒在配方中的分量比例有各种表示方法，国际调酒师协会（IBA）统一以"份"为单位，一份为 40 ml。在鸡尾酒的出版物及实际操作中通常以毫升（ml）、量杯（盎司）为单位。

（二）辅料

辅料能与基酒充分混合，降低基酒的酒精含量，缓冲基酒强烈的刺激感，其中调香、调色材料使鸡尾酒具有色、香、味等俱佳的艺术化特征，从而使鸡尾酒的世界色彩斑斓，风情万种。

1. 辅料的种类

可作鸡尾酒辅料的主要有以下几大类：

（1）碳酸类饮料：包括雪碧、可乐、七喜、苏打水、汤力水、干姜水等。

（2）果蔬汁：包括罐装、瓶装和现榨的各类果蔬汁，如橙汁、柠檬汁、青柠汁、苹果汁、西柚汁、西瓜汁、椰汁、菠萝汁、番茄汁、西芹汁、胡萝卜汁、综合果蔬汁等。

（3）水：包括凉开水、矿泉水、蒸馏水、纯净水等。

（4）提香增味材料：以各类利口酒为主，如蓝色的柑香酒、绿色的薄荷酒、黄色的香草利口酒、白色的奶油酒、咖啡色的甘露酒等。

（5）其他调配料：糖浆、砂糖、鸡蛋、盐、胡椒粉、辣椒汁、辣酱油、安哥斯特拉苦精、丁香、肉桂、豆蔻、巧克力粉、鲜奶油、牛奶、淡奶、椰浆等。

（6）冰：根据鸡尾酒的成品标准，调制时常见冰的形态有方冰、棱方冰、圆冰、薄片冰、碎冰和细冰（幼冰）。

2. 辅料的选择

（1）含酒精的辅料。含酒精辅料与基酒搭配调酒在鸡尾酒中经常应用。开胃酒、利口酒、部分中国配制酒都是受欢迎的选择对象。

开胃酒中的味茴香酒是酒精含量高、风味浓重的酒，用作辅料时用量要少一些，也可以加冰、加水冲调后再用。

苦酒口感很苦，在鸡尾酒中使用频率高但是用量少，主要起调整口感和点缀作用。开胃酒中的味美思是酒精含量最高、香气浓重的加强型葡萄酒，它能和各种烈酒搭配，调制出的酒酒度较高。

利口酒是基酒的最佳搭档。最受欢迎的是君度香橙利口酒，它能和所有的酒搭配调制各色鸡尾酒。椰子利口酒用朗姆酒作基酒，相互配合能调制出具有热带风情的鸡尾酒。薄荷利口酒能和各种酒混合，调制出清凉爽口的鸡尾酒。利口酒有时也自己做主，利用自身丰富多彩的色泽，依据含糖量调制出多姿多彩的彩虹类鸡尾酒。

（2）不含酒精的辅料。果汁营养丰富，有自然的色泽和爽快的口感，能和所有的酒搭配，柠檬汁、橙子汁、青柠汁最受青睐。另外，番茄汁、菠萝汁能和基酒搭配调制出口感新奇、风味独特的鸡尾酒。

无色无味的苏打水会降低整杯鸡尾酒的酒精含量，绝对不会改变鸡尾酒主体风格的色、香、味。汽水类辅料使用得较多，雪碧、七喜、可口可乐、百事可乐很受青睐。汽水冰镇后调制鸡尾酒效果更好。

调制长饮类鸡尾酒不要一味地兑满，要给装饰物留有空间。吸管和搅棒是长饮类鸡尾酒必不可少的配饰。

冰作为辅料可以和酒直接搭配。冰指的是用水制成的冰块。大多数鸡尾酒加冰会有更好的口感。

加有奶类饮料和鸡蛋的鸡尾酒，营养丰富、芳香可口，深受女性喜爱。新鲜的牛奶、奶酒都是上佳的鸡尾酒辅料。

糖浆作为辅料不仅是为了增甜，还会调整口味、丰富色彩。常用的品种有白糖浆、红石榴糖浆、绿薄荷糖浆以及其他水果糖浆。

咖啡和茶用作辅料调制鸡尾酒，热饮时一定要注意加热的温度不可超过酒精的蒸发点。咖啡和茶也能和酒混合配制冷饮类鸡尾酒。以茶为辅料的鸡尾酒是未来鸡尾酒发展的趋势。

辣椒油、胡椒粉、细盐属于另类辅料，能调制出极为特殊的鸡尾酒，但数量极少。

选择调酒辅料，在品质和成本上都要考虑。首要的是品质，品质低劣的辅料会毁掉一杯鸡尾酒。也不必去追求成本过高的辅料，因其也不见得能调出精品来。在辅料的选择上，既要考虑让人满意的品质，又要考虑价格的适中。

（三）装饰物

装饰物、杯饰等是鸡尾酒的重要组成部分。装饰物的巧妙运用，有画龙点睛的效果，使一杯平淡单调的鸡尾酒鲜活生动起来，充满生活的情趣和艺术。一杯经过精心装饰的鸡尾酒不仅能捕捉自然生机于杯盏之间，而且可成为鸡尾酒典型的标志与象征。对于经典的鸡尾酒，其装饰物的构成和制作方法是约定俗成的，应保持原貌不得随意改变，而对于创新的鸡尾酒，装饰物的修饰和雕琢则不受限制，调酒师可充分发挥想象力和创造力。对于不需作装饰的鸡尾酒品加以赘饰，则是画蛇添足，只会破坏酒品的意境。

鸡尾酒常用的装饰果品材料有如下几种：

（1）樱桃（红、绿、黄等色）。

（2）咸橄榄（青、黑色等），酿水橄榄。

（3）珍珠洋葱（细小如指尖、圆形透明）。

（4）其他水果类。水果是鸡尾酒装饰最常用的原料，如柠檬、青柠、菠萝、苹果、香蕉、阳桃等，根据鸡尾酒装饰的要求可将水果切割成片状、皮状、角状、块状等进行装饰，有些水果被掏空果肉后，是天然的盛载鸡尾酒的器皿，常见于一些热带鸡尾酒，如椰壳、菠萝壳等。

（5）蔬菜类。蔬菜类装饰材料常见的有西芹条、新鲜黄瓜条、胡萝卜条等。

（6）花草绿叶。花草绿叶的装饰使鸡尾酒充满自然和生机、令人倍感活力，花草绿叶的选择以小型花序、小圆叶为主，常见的有新鲜薄荷叶、洋兰等。选择的花草绿叶应清洁卫生，无毒无害，不能有强烈的香味和刺激味。

（7）人工装饰物。人工装饰物包括各类吸管（彩色、加旋形等）、搅棒、酒签、小花伞、小旗帜等，载杯的形状和杯垫的图案花纹也能起到装饰和衬托作用。

四、鸡尾酒的命名

由于鸡尾酒所采用的制作材料五花八门，其调制方法和形式很多，因此鸡尾酒的命名方法形形色色，数不胜数，但为了易于区分和识别各地不同的鸡尾酒，规范其质量标准，常用的鸡尾酒命名方法有如下几种：

（一）以颜色命名

以颜色命名是鸡尾酒最多的一种命名方式。主要包括以白兰地、朗姆酒、威士忌、伏特加、金酒等无色烈性酒为酒基，加上各种颜色的利口酒与香料、水果等材料调制而成的色彩斑斓的鸡尾酒品。这些不同颜色的鸡尾酒，既是创作者心理状态和情感的反映，又能满足不同年龄、爱好和生活环境的消费者对鸡尾酒的特殊需求，并由此而产生诸多的联想与愿景。

1. 红色

鸡尾酒中最常见的色彩是红色，它主要来自调酒配料"红石榴糖浆"。通常人们会从红色联想到血、火、太阳，感受红色给人带来的温馨暖意、热情奔放，能营造出异常热烈、情感高涨的氛围，为各种聚会增添欢快气氛。在经典的鸡尾酒系列中，著名的"巴哈马妈妈"鸡尾酒就是一款相当流行且广受欢迎的酒品，它以白朗姆酒为基酒，加上巴哈马酒、菠萝汁、橙汁和石榴糖浆等材料调制而成，配以红樱桃、蝴蝶兰，以热带水果调味，深受人们特别是女士的喜爱。以红色闻名的鸡尾酒还有"龙舌兰日出""皇家基尔""情定爱琴海""西瓜冰沙""欲望城市"等经典名品。

2. 绿色

这类鸡尾酒主要采用著名的蜜瓜甜酒、薄荷酒、柠檬汁等。但常用的是绿薄荷酒（Peppermint Green），它用薄荷叶酿成，具有明显的明目清爽、安神镇静的功效。一款绿色的鸡尾酒往往会使人自然而然地联想到碧绿的大地、摇曳的森林，使人感受到绿野春风、安详和平的氛围。特别是在酷热的盛夏，饮用一杯碧绿滴翠的绿色鸡尾酒，有沁人心脾、暑气顿消的清凉感。绿色鸡尾酒有"绿宝石""绿野仙踪""近青时节""摩西岛""米道丽"等经典名品。

3. 蓝色

蓝色让我们自然想起天空、海洋和湖泊，给人宁静致远之感，使人平静悠久、保持理智。蓝色的鸡尾酒主要由伏特加、蓝橙甜酒（Blue Curacao）做基酒，与适量的柠檬汁、雪碧等原料配制而成。其中最负盛名的"蓝色珊瑚礁"用伏特加佐以蓝橙甜酒，配上柠檬汁与适量雪碧，在杯边饰以蝴蝶兰、红樱桃与小雨伞，顿成美轮美奂的极品。在鸡尾酒中经常露脸的有"橙皮酒""蓝色妖姬""蓝色天使""格桑利亚""蓝色夏威夷"等经典名品。

4. 黑色

这类鸡尾酒主要采用各种以咖啡为原料的酒。看到黑色，我们会有刚健坚实、严肃沉重的感觉。同时，黑色代表纯洁、单纯明快的心理和态度。最常见的是一种叫"自由古巴"的咖啡酒，其色浓黑带点褐色，味道微苦甘甜。黑色的鸡尾酒有"爱尔兰咖啡""教皇咖啡""黑醋栗酒""黑加仑酒"等经典名品。

5. 褐色

这类鸡尾酒采用食用酒精为基酒，配以巧克力、可可豆及香草调成。该类酒呈褐色或深琥珀色，味涩坚实、涩中带甜。手捧褐色酒杯给人以古雅朴实、沉静稳定的传统风格。常见酒品有"卡鲁瓦咖啡""咽喉甜酒""金万利""君度香橙酒"等经典名品。

6. 金色

此类鸡尾酒常用威士忌酒或白兰地酒作主打基酒，配以蜂蜜及香草药，或加蛋黄、橙汁等来调制成金色或深金黄色。品尝金色的鸡尾酒时，会有种清亮明朗、庄严神圣的氛围。其酒品有"金色黎明""波士伏特加""含羞草""教父""柳橙冰沙""BBC"等。

7. 杂色

除上述颜色的鸡尾酒外，还有其他颜色的鸡尾酒：一是单色的，如酱色的"自由古巴"、棕色的"长岛冰茶"、奶色的"琪琪"、无色的"马士坚奴"；二是双色的，如"干马天尼""经典玛格利特""冰咖啡拿铁"等；三是多重色的，如"法兰西之吻""极度兴奋""星条旗""震颤"等。

（二）以鸡尾酒的原料名称命名

1. 金汤力（Gin Tonic）

这款鸡尾酒以金酒为主要原料，加入汤力水调制而成。金酒具有独特的杜松子香气，而汤力水则带有微苦的味道和气泡感，两者混合后口感清爽，非常适合夏天饮用。

2. 伏特加马天尼（Vodka Martini）

这款鸡尾酒以伏特加为基酒，加入干味美思和橙皮等调制而成。伏特加的纯净口感与味美思的复杂香气相结合，营造出一种高雅而独特的口感。

3. 朗姆可乐（Rum Coke）

这款鸡尾酒以朗姆酒和可乐为主要原料。朗姆酒带有一种独特的甜润和芬芳的口感，与可乐的气泡和甜味相结合，使得这款鸡尾酒口感丰富，易于入口。

4. 威士忌苏打（Whisky Soda）

这款鸡尾酒以威士忌为基酒，加入苏打水调制而成。威士忌的浓郁口感与苏打水的清爽相结合，带来一种独特的享受。

（三）以鸡尾酒的基酒名称加上鸡尾酒种类的名称命名

1. 金酒菲士（Gin Fizz）

这款鸡尾酒以金酒为基酒，加入柠檬汁、糖浆、苏打水和鸡蛋清调制而成。金酒的独特香气与柠檬汁的酸味以及苏打水的气泡感相结合，口感清爽且带有丝丝凉意，非常适合在炎炎夏日享用。

2. 威士忌酸（Whisky Sour）

这款鸡尾酒以威士忌为基酒，加入柠檬汁、糖浆和鸡蛋清调制而成。威士忌的浓郁口感与柠檬汁的酸味相碰撞，营造出一种酸甜适中的口感，而鸡蛋清的加入则使得这款鸡尾酒更加顺滑细腻。

3. 白兰地亚历山大（Brandy Alexander）

这款鸡尾酒以白兰地为基酒，加入可可利口酒和鲜奶油调制而成。白兰地的优雅香气与可可利口酒的甜美以及鲜奶油的丝滑相结合，口感丰富且层次分明，是一款非常适合女性饮用的鸡尾酒。

（四）以地名命名

1. 曼哈顿（Manhattan）

这款鸡尾酒起源于纽约市的曼哈顿区，是一款经典的鸡尾酒。其主要原料包括威士忌、味美思和苦汁，调制出的口感既醇厚又带有一丝苦涩，如同曼哈顿这座城市的繁华与复杂。品尝曼哈顿，就像是在品味纽约这座城市的多元文化与历史底蕴。

2. 长岛冰茶（Long Island Iced Tea）

长岛冰茶的名字虽然听起来像是一款茶饮，但实际上它是一款烈酒鸡尾酒。这款酒起源于长岛。虽然从外观上看，颜色与冰茶无异，但它实际上是由可乐、伏特加、龙舌兰、朗姆酒和金酒等多种烈酒混合调制而成。这种独特的组合使得长岛冰茶口感丰富，既有碳酸饮料的清爽，又有烈酒的辛辣，是一款深受年轻人喜爱的鸡尾酒。

3. 巴黎人（Parisian）

这款鸡尾酒以法国的首都巴黎命名，充满了浪漫与优雅的气息。其调制原料可能包括香槟、果汁或其他适合调制鸡尾酒的酒品，口感细腻，带有一种独特的法式风情。品尝这款鸡尾酒，仿佛能让人置身于巴黎的街头巷尾，感受那座城市的浪漫与热情。

4. 蓝色夏威夷（Blue Hawaii）

蓝色夏威夷是一款以夏威夷群岛命名的鸡尾酒，其颜色如同夏威夷的海水一般清澈碧蓝。这款鸡尾酒通常使用朗姆酒、蓝橙力娇酒和菠萝汁等原料调制而成，口感清甜，带有热带水果的风味。品尝这款鸡尾酒，就像是在享受夏威夷的阳光海滩和悠闲生活。

5. 迈阿密海滩（Miami Beach）

这款鸡尾酒的名字直接借用了美国佛罗里达州著名的旅游景点迈阿密海滩。它通常以清新的口感和热带水果风味为特点，使用菠萝汁、橙汁等果汁调制，让人仿佛置身于迈阿密的阳光海滩之中。

6. 棕榈泉（Palm Springs）

这款鸡尾酒以美国加利福尼亚州的棕榈泉市命名，这里以宜人的气候和独特的建筑风格而闻名。棕榈泉鸡尾酒通常带有一种轻松愉悦的氛围，口感柔和，适合在休闲时光享用。

（五）含动物名称的鸡尾酒

1. 咸狗（Salty Dog）

这款鸡尾酒的名字来源于英国人对满身海水船员的蔑称——"咸狗"。它是一款以伏特加为基酒，加入砂糖、柠檬片、西柚汁（葡萄柚汁）等辅料调制而成的鸡尾酒。其独特的口感在于柚汁的酸和盐的咸使得伏特加的酒香更加浓郁，犹如饮用一杯果汁。

2. 莫斯科骡子（Moscow Mule）

这款鸡尾酒的名字虽然听起来有些奇特，但它却是一款非常受欢迎的鸡尾酒。其名字来源于其配方中的姜汁啤酒与伏特加的结合，以及它最初在莫斯科的流行。莫斯科骡子口感清新爽口，酒精度数适中，无论是作为开胃酒还是作为餐后酒都非常合适。

3. 波斯猫鸡尾酒（Persian Cat Cocktail）

这款鸡尾酒的名字充满了异国情调，它的配方中包含了土鸡蛋蛋黄、鲜榨橙汁、石榴糖浆以及柠檬和青柠的榨汁。这款鸡尾酒口感丰富，既有果汁的酸甜，又有蛋黄的醇厚，整体口感层次丰富，是一款非常适合与朋友分享的鸡尾酒。

4. 白象鸡尾酒（White Elephant Cocktail）

这款鸡尾酒的名字来源于其白色的外观和独特的配方。它是以甜味美思酒和金酒为主要原料调制而成的。白象鸡尾酒口感独特，非常适合喜欢尝试新口味的鸡尾酒爱好者饮用。

5. 蝎子鸡尾酒（Scorpion Cocktail）

蝎子鸡尾酒的名字来源于其独特的配方和外观。这款鸡尾酒通常以深色朗姆酒为基酒，加入某些特殊的调料和果汁调制而成。它不仅口感独特，视觉效果也让人印象深刻。

6. 孔雀鸡尾酒（Peacock Cocktail）

孔雀鸡尾酒以其多彩的外观和丰富的口感著称。这款鸡尾酒通常使用多种不同颜色的果汁和酒品调制而成，色彩缤纷，如同孔雀开屏一般。其口感层次丰富，既有果汁的甜美，又有酒品的醇厚。

7. 美洲豹鸡尾酒（Jaguar Cocktail）

美洲豹鸡尾酒以其强烈的口感和独特的配方吸引着消费者。它通常以烈酒为基酒，加入一些具有独特风味的调料和果汁，口感强烈而富有冲击力，如同美洲豹一般充满力量和野性。

（六）以人物形象和动作命名

1. 以人物形象命名

"红粉佳人（Pink Lady）"。该酒是以金酒、柠檬汁和生鸡蛋清等为原料配制的。它以粉红色漂着白色泡沫，再加上红色樱桃和青柠檬皮装饰，显得格外漂亮，因此得名。

此外，还有"尼克佳人""巴哈马妈妈""灰姑娘""安琪儿""教父"等。

2. 用动作命名

"巧克力之吻（Chocolate Kiss）"，该酒用孟买宝石金酒作基酒，加入金万力橙味甜酒与淡奶油摇和，以碎冰块点缀，呈蛋青色略带奶油味，给人似曾相识之感。

此外，还有"极度兴奋""欢呼""微笑""亲亲""媚态""震颤""王者归来"等酒品。

（七）以自然与社会现象命名

1. 日出

这款鸡尾酒的色彩渐变宛如日出的景象，通常采用橙汁、红石榴糖浆和香槟等原料调制而成，口感清新且富有层次。

2. 霜冻

这款鸡尾酒以其冷冽的口感和外观得名，通常采用冰冷的伏特加或朗姆酒为基酒，加入冰块和柠檬汁调制，给人一种寒冷冬季的感觉。

3. 海浪

这款鸡尾酒以蓝色为主色调，象征着海洋的深邃与广阔。它通常由蓝色的鸡尾酒基酒与柠檬汽水或苏打水混合而成，口感清爽，仿佛能让人感受到海浪拍打在沙滩上。

4. 龙卷风

这款鸡尾酒因其杯中分层的效果而得名，如同自然界的龙卷风一般。它采用不同颜色的酒品叠加而成，每一层都代表不同的风味和口感，让人在品尝时仿佛正在经历一场风暴的洗礼。

5. 都市之光

这款鸡尾酒象征着都市夜晚的繁华与璀璨。它通常使用金黄色的鸡尾酒基酒，如白兰地，再加入一些果汁或气泡水调制而成，口感醇厚且带有丝丝凉意，仿佛能让人置身于都市的霓虹灯下。

6. 时光旅行

这款鸡尾酒寓意着对过去的怀念和对未来的憧憬。它可能采用多种酒品混合而成，口感丰富且层次多变，让人在品尝时仿佛能够穿越时空，回到过去或展望未来。

7. 社会名流

这款鸡尾酒以其优雅和高贵的气质得名，象征着社会名流的生活品质。它通常采用高质量的鸡尾酒基酒，如香槟或高级威士忌，再加入一些精致的调料和装饰物调制而成，口感细腻且充满魅力。

（八）以其他方式命名

1. 以历史名人命名

（1）阿诺德·帕尔默（Arnold Palmer）。这款鸡尾酒以已故的高尔夫球员阿诺德·帕尔默命名。帕尔默通过将妻子自制的冰茶与柠檬水混合，发明了这款简单而独特的饮料。它口感清爽，酸甜适中，既有茶的苦涩，又有柠檬的酸甜，深受人们喜爱。这款鸡尾酒不仅是对帕尔默的致敬，还是对高尔夫运动的一种赞美。

（2）玛丽·碧克馥（Mary Pickford）。玛丽·碧克馥是早期的电影明星，被誉为"美国甜心"。这款以她名字命名的鸡尾酒由白朗姆、凤梨汁、石榴汁和黑樱桃汁调制而成，口感丰富，色彩艳丽。这款鸡尾酒的复杂程度堪比玛丽·碧克馥的经典默片，既体现了她的独特魅力，又展现了鸡尾酒文化的创新精神。

类似的还有"亚当与夏娃""毕加索""牛顿""哥伦布"等名品。

2. 以花草等植物命名

（1）紫罗兰鸡尾酒。紫罗兰鸡尾酒以其优雅的花香和柔和的口感而备受喜爱。这款鸡尾酒以紫罗兰糖浆为基础，搭配适量的白葡萄酒或香槟，再点缀以新鲜的紫罗兰花瓣。品尝时，紫罗兰的香气与酒液的甘甜完美融合，仿佛置身于花海之中，令人陶醉。

（2）薄荷朱丽普。薄荷朱丽普是一款清凉爽口的鸡尾酒，以薄荷叶和波旁威士忌为主要原料。制作时，将薄荷叶捣碎后加入砂糖和波旁威士忌，搅拌均匀后倒入高脚杯中，最后再加上一片薄荷叶作为装饰。这款鸡尾酒口感清新，带有薄荷的凉爽和威士忌的醇厚，非常适合在炎炎夏日享用。

（3）樱花鸡尾酒。樱花鸡尾酒以樱花为主要元素，采用樱花糖浆、白葡萄酒或香槟等原料调制而成。这款鸡尾酒色泽粉嫩，口感甜美，带有樱花的淡雅香气。品尝时，仿佛能感受到春天的气息和樱花的美丽。

类似的还有"椰林飘香""芳香草""绿樱桃""红草莓""紫罗兰""红玫瑰""郁金香""野百合"等鸡尾酒。

3. 以寓意或象征意义命名

（1）天使之吻。这款鸡尾酒以其浪漫而神秘的寓意命名。制作时，基酒与辅饮摇晃均匀后，上方覆盖一层白色的鲜奶油，再点缀一颗玲珑剔透的红樱桃，象征着天使之吻。饮用这款鸡尾酒，仿佛能感受到天使的祝福与好运，寓意着纯洁与美好的爱情。

（2）幸运草。幸运草鸡尾酒以四叶草为象征，寓意着幸运和幸福。这款鸡尾酒采用多种酒品和果汁调制而成，口感丰富多变。每一口都仿佛能带来好运和幸福，让人倍感愉悦和满足。

类似的还有"西西里之吻""情定爱琴海""欲望城市""圣诞快乐""相思红豆""金色家族""春满人间"等。这些以寓意或象征意义命名的鸡尾酒不仅口感独特，而且蕴含着丰富的文化内涵和情感价值，体现人们的生活观念和美好愿望。

五、鸡尾酒的分类

世界上究竟有多少种鸡尾酒的配方和名目无法统计。根据鸡尾酒的酒品风格特征、饮用温度、调制方法等因素，鸡尾酒呈现出不同的分类体系。

（一）根据鸡尾酒成品的状态分类

1. 调制鸡尾酒

这是鸡尾酒的一种主要类型，通过特定的配方和调制技巧制作而成。调制鸡尾酒通常具有独特的口感和风味，能够体现出调酒师的创意和技艺。

2. 预调鸡尾酒

预调鸡尾酒是预先调制好的鸡尾酒，通常可以直接饮用或稍作调整后饮用。这类鸡尾酒一般具有稳定的品质和口感，适合大量生产和供应。

（二）根据鸡尾酒的酒精含量和鸡尾酒分量分类

1. 长饮类鸡尾酒

长饮类鸡尾酒以蒸馏酒、配制酒等为基酒，加果汁、碳酸类汽水、矿泉水等兑和稀释而成。长饮类鸡尾酒中，基酒用量较少，通常为 1 盎司，软饮料等辅料用量多，分量较多，通常为 140～200 ml，口味清爽平和、性状稳定。长饮类鸡尾酒采用高杯盛载，并配以柠檬片等装饰调味，配以吸管、搅棒供搅匀和吸饮。酒精含量在 10% 以下，放置 30 分钟也不会影响其风味。

2. 短饮类鸡尾酒

相对于长饮类鸡尾酒，短饮类鸡尾酒酒精含量高，分量较少，通常为 60～120 ml。这类鸡尾酒酒精较为浓烈，需要在短时间内喝完，以保证口感和风味。短饮类鸡尾酒对温度和冰块的化水率有较高要求，最好在 10～20 分钟内饮用。饮用时通常一饮而尽，马天尼、曼哈顿等均属于短饮类鸡尾酒。短饮类鸡尾酒的基酒分量通常在 50% 以上，高者为 70%～80%，酒精含量为 30% 左右。

（三）根据饮用温度分类

1. 冰镇鸡尾酒

加冰调制或饮用。

2. 常温鸡尾酒

无须加冰调制，在常温下饮用。

3. 热饮鸡尾酒

调制时按照配方加入热的咖啡、牛奶或热水等，或酒品采用燃烧烧煮、温烫等加热升温方法。热饮鸡尾酒饮用温度不宜超过 70 ℃，以免酒精挥发。

（四）根据饮用的时间、地点、场合分类

1. 餐前鸡尾酒

餐前鸡尾酒，又名餐前开胃鸡尾酒，具有生津开胃、增进食欲的功效。餐前鸡尾酒含糖量少，口味稍酸、甘冽，如马天尼、曼哈顿以及各类酸酒等。

2. 餐后鸡尾酒

餐后鸡尾酒在餐后饮用，是佐食甜品、帮助消化的鸡尾酒。餐后鸡尾酒口味甘甜，在调制的过程中惯用各式色彩鲜艳的利口酒，尤其是具有清新口气、增进消化的香草利口酒和果叶利口酒。常见的餐后鸡尾酒有彩虹鸡尾酒、斯汀格、天使之吻等。

3. 佐餐鸡尾酒

佐餐鸡尾酒色泽鲜艳、口味干爽，较辛辣，具有佐餐功能，注重酒品与菜肴口味的搭配。虽然它在西餐中可作为开胃品、汤类菜的替代品，但在正式的餐饮场合，佐餐酒多为葡萄酒。

4. 全天饮用鸡尾酒

这类鸡尾酒形式和数量最多，酒品风格各具特色，并不拘泥于固定的形式。

除上述四种常见的鸡尾酒类型外，还有清晨鸡尾酒、睡前（午夜）鸡尾酒、俱乐部鸡尾酒、季节（夏日、热带、冬日）鸡尾酒等。

（五）根据鸡尾酒的基酒分类

根据鸡尾酒的基酒分类是一种常见的分类方法，它体现了鸡尾酒酒质的主体风格。

1. 以金酒为基酒

金酒，又称为杜松子酒，它是以大麦芽、稞麦和杜松子等为原料制成的。这种酒液无色透明，气味奇异清香，口感醇美爽适。以金酒为基酒的鸡尾酒充分展现了金酒的独特风味。

2. 以威士忌为基酒

威士忌是一种由大麦等谷物酿制的酒类。根据产地和酿造方法的不同，威士忌的口感和风味也会有所差异。以威士忌为基酒的鸡尾酒，如"教父""曼哈顿""威士忌酸"，都深受人们喜爱。

3. 以白兰地为基酒

白兰地是由葡萄酒或发酵过的水果汁蒸馏而来的，因此带有一种浓郁的水果味。以白兰地为基酒的鸡尾酒，充分展现了白兰地的独特风味。

4. 以伏特加为基酒

伏特加是俄罗斯的传统酒精饮料，无色透明，如水般清澈。以伏特加为基酒的鸡

尾酒往往调制出的口感也很纯净，高酒精度会产生一种微弱的酸辛味。例如，著名的"血腥玛丽"和"咸狗"就是以伏特加为基酒的代表性鸡尾酒。

5. 以朗姆酒为基酒

朗姆酒是以甘蔗糖蜜为原料生产的蒸馏酒，有一种"热带气息"，味道偏甜。因其独特的口感，很多女性化的鸡尾酒爱用朗姆酒作为基酒，比如"莫吉托""自由古巴"等。

6. 以龙舌兰为基酒

龙舌兰酒是墨西哥的国酒，被称为墨西哥的灵魂。其独特的口感和风味使得以龙舌兰为基酒的鸡尾酒，如"玛格丽特""日出龙舌兰"，都带有一种特别的墨西哥风情。

（六）根据综合因素分类

根据混合饮料的基本成分、调制方法、总体风格及其传统沿革等综合因素，对鸡尾酒进行分类。比如：亚历山大类、开胃酒类、霸克类、考伯乐类、柯林斯类、库勒类、考地亚类、克拉斯特类、杯饮类、奶油类、代其利类、黛西类、蛋诺类、菲克斯类、菲斯类、菲利普类、漂浮类、弗来培类、占列类、高杯类、热饮类、朱力普类、马提尼类、曼哈顿类、香甜热葡萄酒类、格罗格类、密斯特类、尼格斯类、古典类、宾治类、普斯咖啡类、兴奋饮料类、帕弗类、瑞克类珊格瑞类、席拉布类、斯加发类、思曼希类、司令类、酸酒类、斯威泽类、双料酒类、托地类、赞此类、赞明类等。

任务 2 载杯与调酒用具

一、鸡尾酒载杯

1. 鸡尾酒杯（图 5-1）

传统的鸡尾酒杯（Classical Cocktail Glass）通常呈倒三角形或倒梯形，容量为 4.5 盎司左右，专门用来盛放各种饮料。虽然鸡尾酒杯还可以是各种形状的异形杯，但所有的鸡尾酒杯都必须具备以下条件：不带任何花纹和色彩，色彩会混淆酒的颜色；不可用塑料杯，塑料会使酒走味；以高脚杯为主，便于手握。因为鸡尾酒要保持其冰冷度，手的触摸会使其变暖。

图 5-1 鸡尾酒杯

2. 高杯和柯林杯

高杯（Highball Glass）又称高球杯或直杯，一般为 8～10 盎司，常被用于各种简单的高球饮料，如金汤力克等。柯林杯（Colins Glass）（图 5-2）是比高杯细且长，像烟囱一样的大酒杯，其容量为 10～12 盎司，适用于如"汤姆柯林"一类的饮料，通常要用两支吸管。

3. 威士忌杯

纯饮威士忌时使用威士忌杯（Whisky Glass）（图 5 - 3），容量通常为 1 盎司。用这种杯子饮用威士忌可以充分感受威士忌的色彩。此外，有时它还可以当作量杯来使用。

图 5 - 2　柯林杯　　　　　　　　图 5 - 3　威士忌杯

4. 白兰地杯

白兰地杯（Brandy Snifer）（图 5 - 4）是一种酷似郁金香形状的酒杯，酒杯腰部丰满，杯口缩窄，又称白兰地吸杯。使用时以手掌托着杯身，让手温传入杯中使酒温暖，并轻轻摇晃杯子，这样可以充分享受杯中的酒香。这种杯子容量很大，通常为 8 盎司左右，但饮用白兰地时一般只倒 1 盎司左右，若酒太多就不易很快温热，难以充分品尝它的酒味。

5. 香槟杯

香槟杯（Champagne Glass）很多，常用的有浅碟香槟杯和郁金香形香槟杯（图 5 - 5）两种。浅碟香槟杯常被用于庆典场合，也可用来盛鸡尾酒，容量为 3～6 盎司，以 4 盎司的香槟杯用途最广。

图 5 - 4　白兰地杯　　　　　　图 5 - 5　郁金香形香槟杯

6. 酸酒杯

通常把带有柠檬味的酒称为酸酒，饮用这类酒的杯子为酸酒杯（Sour Class）（图 5-6）。酸酒杯为高脚杯，容量为 4～6 盎司。

7. 利口杯

利口杯（Liqueur Glass）（图 5-7）是一种容量为 1 盎司的小型有脚杯，杯身为管状，可以用来饮用五光十色的利口酒。大型利口杯还可以用来盛彩虹酒等。

8. 雪莉杯

饮用雪莉酒时使用的杯子为雪莉杯（Sherry Glass）（图 5-8），容量为 2 盎司左右。

9. 啤酒杯

啤酒杯（Beer Glass）有带把和无把两种。无把的啤酒杯（图 5-9）品种很多，形状不一，容量为 10～12 盎司。

图 5-6 酸酒杯　　图 5-7 利口杯　　　图 5-8 雪莉杯　　　图 5-9 啤酒杯

此外，还有红、白葡萄酒杯，高脚杯，宾治杯等。

二、鸡尾酒调酒用具

1. 摇酒壶

摇酒壶（Shaker）：专业人士的标志，又名调酒壶、雪克壶（图 5-10）。它是用来将各种调酒材料摇匀的，有大号、中号、小号三种，容量从 250 ml 到 550 ml 不等，以不锈钢制品最为普遍。此外，还有合金、镀银等高档产品。调酒壶通常为三段式，即壶身、滤冰器和壶盖三部分。波士顿调酒壶（图 5-11）为两段式，只有壶身和壶盖两部分。

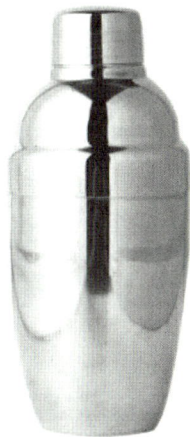

图 5-10 摇酒壶

2. 调酒杯

调酒杯（Mixing Glass）（图 5-12）是一种体高、底平、壁厚的玻璃器皿，有的标有刻度，用来量酒水，也可以用来盛放冰块及各种饮料。典型的调酒杯容量为 16～17 盎司。

3. 酒吧匙

酒吧匙（Barspoon）（图 5-13）是最有用的调酒用具之一，有很多不同的用途，包括搅拌饮料、当测量勺、调制鸡尾酒、平衡手感等。它可以精细测量，控制各个混合成分的数量。

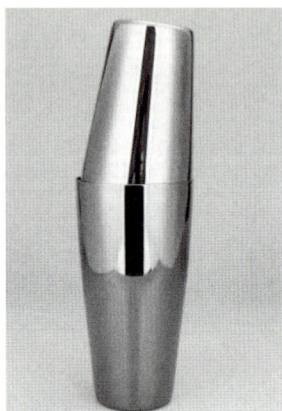

图 5-11　波士顿调酒壶　　　　图 5-12　调酒杯　　　　图 5-13　酒吧匙

4. 滤冰器（图 5-14）

滤冰器是调酒时用于过滤冰块的工具。

5. 量酒器

量酒器（图 5-15）是由两个大小不一对尖的圆锥形组成的不锈钢器皿，两头容量为 1 盎司＋1.5 盎司、1.5 盎司＋2 盎司或者 1 盎司＋2 盎司组合。这种容器用于精确计量酒品，一般称为 Measurer 或者 Jigger。

图 5-14　滤冰器　　　　图 5-15　量酒器

6. 冰夹

冰夹由（图 5 - 16）不锈钢制成，用来夹冰块。

7. 调酒棒（图 5 - 17）

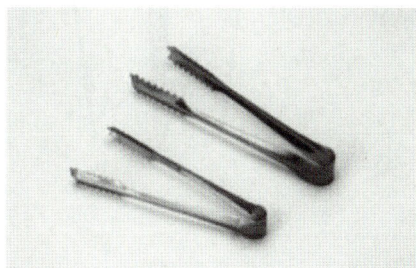

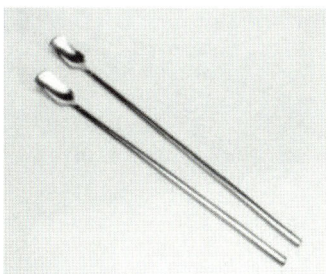

图 5 - 16　冰夹　　　　　　　　图 5 - 17　调酒棒

8. 吸管

吸管或称饮管（图 5 - 18），其主要用来饮用杯中饮料。

9. 冰铲或冰勺（图 5 - 19）

10. 鸡尾酒签（图 5 - 20）

鸡尾酒签用来穿刺鸡尾酒装饰物，可与水果搭配制作成各式装饰。目前市场上供应大量的花式酒签。

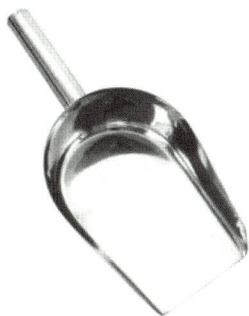

图 5 - 18　吸管　　　　　　图 5 - 19　冰铲　　　　　图 5 - 20　鸡尾酒签

11. 打蛋器（图 5 - 21）

打蛋器是用来将鸡蛋的蛋清和蛋黄打散充分融合成蛋液，或单独将蛋清和蛋黄打到起泡的工具。

12. 冰桶

冰桶（图 5 - 22）是用来冷却那些需要在冰爽状态下品尝的酒的工具，同时也是调酒中盛放冰块的盛器，一般有不锈钢制品、塑料制品等。

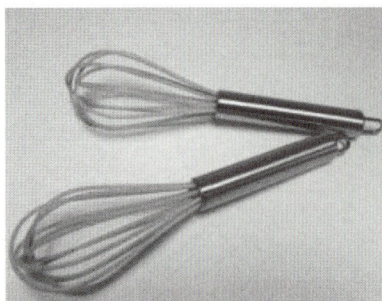

图 5-21　打蛋器

图 5-22　冰桶

13. 砧板和水果刀（图 5-23）

14. 各式杯垫（图 5-24）

图 5-23　砧板和水果刀

图 5-24　各式杯垫

任务 3　鸡尾酒调制方法

传统鸡尾酒的调制方法主要有四种，即摇和法、调和法、兑和法和搅和法。

一、摇和法

摇和法又称摇晃法、摇荡法。当鸡尾酒中含有柠檬汁、糖、鲜牛奶或鸡蛋时，必须采用摇和法将酒摇匀。摇和法采用的调酒用具是调酒壶。调酒壶的摇法有单手摇和双手摇两种。

（一）单手摇

用右手食指卡住壶盖，其他四指抓紧滤冰器和壶身，依靠手腕的力量用力左右摇晃，同时，小臂轻松地在胸前斜向上下摆动，多方位使酒液在调酒壶中得以混合。单手摇法一般只适用于小号调酒壶，如使用中号调酒壶或者大号调酒壶就必须用双手摇法。

（二）双手摇

双手摇的方法是：左手中指托住壶底，食指、无名指及小指夹住壶身，拇指压住滤冰器；右手拇指压住壶盖，其他手指扶住壶身，双手协调用力将调酒壶抱起，通常手掌不能接触调酒壶，否则会增加调酒壶的温度，改变鸡尾酒的味道。一般的鸡尾酒来回摇晃五六次至手指感到冰凉，且调酒壶表面出现雾气或霜状物即可，若有鸡蛋或奶油则必须多摇几次，使蛋清等与酒液充分混合（图5-25）。

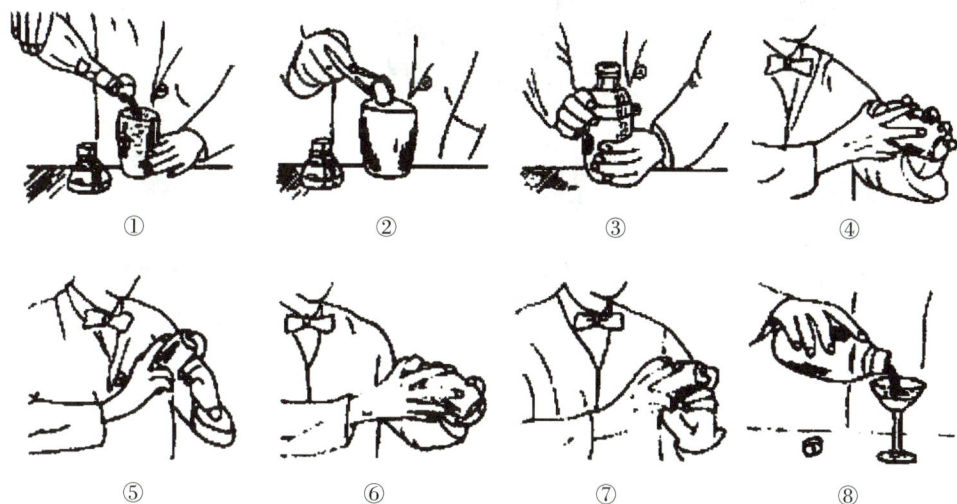

图5-25　双手摇的调酒步骤

使用摇酒壶可以让材料充分混合，让鸡尾酒最终的滋味达到最美。摇和法是一种比较激烈的调酒方法，摇晃过程中会让冰块碎裂，稀释度也较高。因为摇晃过程中会产生气泡，摇制出的饮品比较浑浊，要等一段时间才会澄清。

二、调和法

调和法又称搅拌法，搅拌时要使用调酒杯、酒吧匙、滤冰器等器具。搅拌的方法是在调酒杯中放入数个冰块并加入调酒材料。用左手的拇指和食指抓住调酒杯底部，右手拿着酒吧匙的背部贴着杯壁，以拇指和食指为中心，用中指和无名指控制酒吧匙，按顺时针方向旋转搅拌。旋转五六圈后，左手手指感觉冰凉，调酒杯外有水汽析出，搅拌就结束了。这时，用滤冰器卡在调酒杯口，将酒滤入杯中即可。

以"曼哈顿"鸡尾酒为例，调和法调酒的方法与步骤如图5-26所示。

调和法较温和，以蒸馏酒为主，加入少量材料（汽水或果汁）混合的鸡尾酒，通常会使用这项技巧。调和法能轻巧地融合几种酒液，并确切掌握冰块的稀释程度，调制出的成品澄清透明。

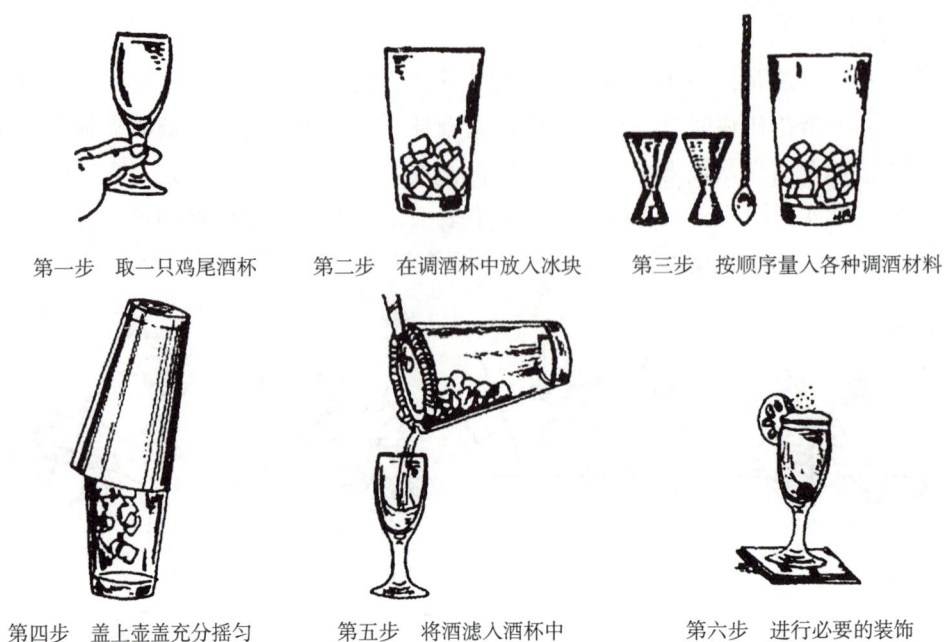

第一步 取一只鸡尾酒杯　　第二步 在调酒杯中放入冰块　　第三步 按顺序量入各种调酒材料

第四步 盖上壶盖充分摇匀　　第五步 将酒滤入酒杯中　　第六步 进行必要的装饰

图 5 - 26　调和法调酒的方法与步骤

三、兑和法

兑和法是直接在饮用杯中依次放入各类酒品，轻轻搅拌几次即可。常见的如高杯类饮品、果汁类饮品和热饮都采用此法（图 5 - 27）。

第一步 在高杯中　　第二步 依次量入　　第三步 兑入苏打水等　　第四步 进行
加入冰块　　　　　调配材料　　　　　饮料搅匀　　　　　适当装饰

图 5 - 27　兑和法调酒的方法与步骤

四、搅和法

搅和法（图 5 - 28）主要使用电动搅拌机进行，当酒品中含有水果块或固体食物时必须使用搅和法调制。搅和法操作时，先将调制材料和碎冰按配方放入搅拌机中，启动搅拌机迅速搅 10 秒钟左右，然后将酒品连同冰块一并倒入杯中。搅和法能够较好地把握所调酒品的质量和口味。

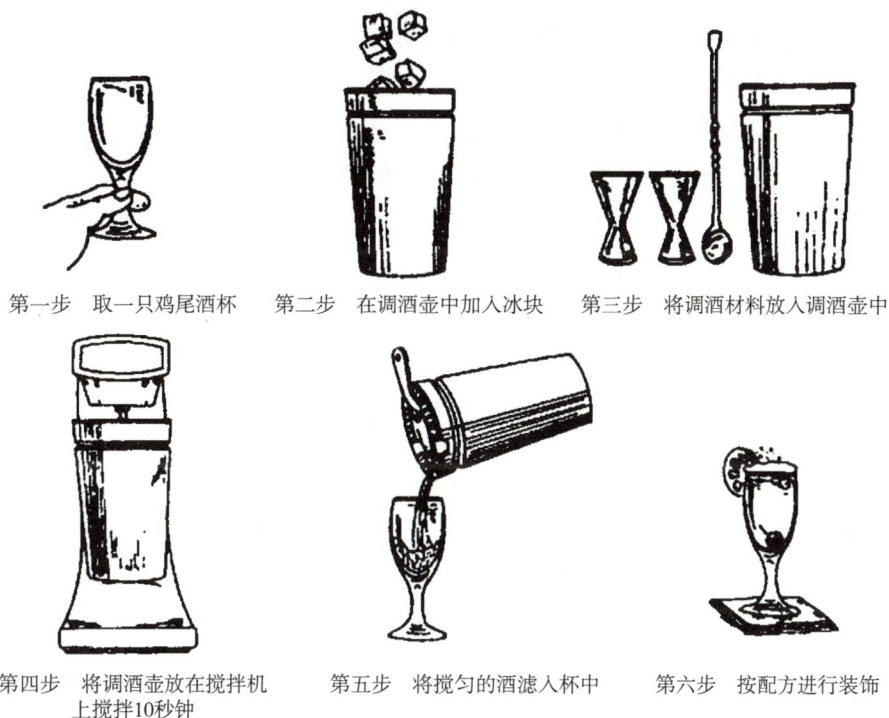

第一步　取一只鸡尾酒杯　　第二步　在调酒壶中加入冰块　　第三步　将调酒材料放入调酒壶中

第四步　将调酒壶放在搅拌机
　　　　上搅拌10秒钟　　　　　第五步　将搅匀的酒滤入杯中　　第六步　按配方进行装饰

图 5 - 28　搅和法调酒的方法与步骤

五、鸡尾酒调制术语

（一）鸡尾酒调制常用术语

（1）纯饮（Straight）。纯饮是指不加入任何东西，单纯饮用某种酒品。

（2）涩味酒（Dry）。涩味指调好的略带辛辣味的鸡尾酒。

（3）干、半干（Dry 和 Semi-dry）。干、半干是指混合后的味为辣味而不是甜味的鸡尾酒，而在葡萄酒中，干和半干则表示葡萄酒中含糖量较低，含酸量较高。

（4）酒后水（Chaser）。一是喝过较烈的酒之后，在杯中加入冰水品饮，可与烈酒中和并保持味觉的新鲜，可以根据个人喜好加入苏打水、啤酒、矿泉水等代替。二是指加入某些材料使其浮于酒中，如鲜奶油等，比重较小的酒可浮于苏打水上。

（5）酒精饮料（Alcohol drinks）。任何含有食用酒精（乙醇）的饮品都称为酒精饮料。

（6）混合饮料（Mixing drinks）。混合饮料包括含酒精和不含酒精两种，是经过加工、调制的饮料。

（7）短饮（Short drinks）和长饮（Long drinks）。短饮一般指酒品用冰镇法冷却后注入带脚的杯子，短时间内饮用的饮料；长饮又分为冷饮和热饮两种。一般用柯林杯或高脚杯等大型酒具作容器。冷饮多为消暑佳品，杯中放入冰块后，将会使人长时间地感到凉爽。热饮为冬季饮品，杯中加入热水或热牛奶等。

（8）清尝（Neat）。清尝是指只喝一种纯粹的、不经任何加工的饮品。如在美国酒吧，点威士忌时，侍者会问 On the Rocks（加冰饮用）还是 Straight（纯净的），一般回答 Up（纯净的）或 Over（加冰饮用），也可说 Neat（清尝）。

（9）注入调和器（Dash）。注入调和器是指一种附于苦味酒瓶的计量器。

（10）滴（Drop）。滴是一种通俗的计量单位。

（11）盎司（Ounce）。盎司是一种专业计量单位，简写为 oz。鸡尾酒配方中 1 盎司约为 30 ml（英制盎司＝28.35 ml，美制盎司＝29.57 ml）。

（12）茶匙（Spoon）。茶匙是一种计量单位，1 spoon＝10 drops。

（13）单份（Single）。单份为 30 ml。

（14）双份（Double）。双份为 60 ml。

（15）份酒（Share）。份酒是一种简便的量酒方法。将酒倒入普通玻璃杯（容量约240 ml）后，用手指来量度，一手指量约为 30 ml，又称单份；二手指量约为 60 ml，又称双份。

（16）品位、风格（Style）。品位、风格是品酒时使用的专门术语，有品位、味道等意思。

（17）精华（Cream）。精华指将酒加热时，水分、酒精等蒸发后残存的糖分、灰分和不挥发的有机酸，是形成酒香和酒味的关键，专业上称为精华。其含量越高，酒的比重越大，是调制彩虹酒的重要因素。

（18）过滤（Sieve）。把摇壶内或调酒杯内的鸡尾酒摇匀后，用滤冰器滤去冰块并将酒倒入鸡尾酒杯或其他杯内，称为过滤。

（19）混合（Mix）。混合是调制鸡尾酒的方法之一，使用混合器使饮料混合。

（20）兑和（Build）。兑和即将材料直接放入鸡尾酒杯中调制而成的意思。

（21）搅拌（Blend）。搅拌是调制鸡尾酒的方法之一，指用调酒勺迅速调搅酒杯中的材料和冰块。

（22）摇和（Shake）。摇和是调制鸡尾酒的重要方法之一，它与搅拌、兑和、调和方法并称为四大调酒法。

（23）漂浮（Float）。漂浮是指一种利用酒的比重，使同一杯中的几种酒不相混合的调酒方法。例如，将一种酒漂浮于另一种酒上，或使酒漂浮在水或软饮料上。彩虹酒即采用此法调成。

（24）配方（Recipe）。配方是调和分量和调剂方法的说明。

（25）薄片（Slice）。把柠檬、橙等切成薄片，厚薄要适当。

（26）果皮（Peel）。切剥果皮，将柠檬皮和橙皮中的油挤入酒面上，以增加香味。切皮要切成薄片，不能带着果品肉质，否则难以挤出汁水。

（27）榨汁（Squeeze）。调制鸡尾酒最好用新鲜果汁作材料，可用榨汁机榨出新鲜果汁。

（28）糖浆（Syrup）。鸡尾酒大多带有甜味，需要糖分，但酒是冷的，加砂糖不易溶解，而加糖浆容易溶解于酒中。糖浆是按照一定比例用砂糖熬制而成的。

（二）鸡尾酒的方程式

调制鸡尾酒的主要原料可以分为三类。如果了解鸡尾酒原料混合的基本方程式，就可以调制简单的鸡尾酒。

A 群：基酒。

基酒包括干金酒、伏特加、白朗姆酒、黑朗姆酒、特基拉酒、苏格兰威士忌、波旁威士忌、白兰地、葡萄酒、香槟酒、起泡葡萄酒、啤酒、烧酒等。

B 群：利口酒。

利口酒包括杏子白兰地、绿薄荷酒、肯巴利酒、甜瓜利口酒、咖啡利口酒、杏仁利口酒、樱桃利口酒等。

C 群：果汁、碳酸饮料、甜味饮料、香料、其他。

C 群包括柠檬汁、柳橙汁、苏打水、汤力水、姜汁、砂糖、红石榴糖浆、安哥斯特拉苦精、乳制品、鸡蛋等。

鸡尾酒调制可以从 A～C 群选择两种或者两种以上的材料进行混合。例如，金汤力，干金酒＋果汁、汤力水；咸狗，伏特加＋葡萄柚汁；环游世界，干金酒＋绿薄荷酒＋凤梨汁＋绿樱桃；亚历山大，白兰地＋可可豆利口酒（褐色）＋鲜奶油。

（三）鸡尾酒调制要点

（1）任何一款鸡尾酒都必须严格按其配方调制。

（2）在调酒过程中必须使用量酒器，正确量度各种调酒材料，以保证鸡尾酒纯正的口味，切忌随手乱倒。

（3）调制鸡尾酒的各种材料应以选择价廉物美的酒品为原则，选择昂贵的高级品是一种浪费。

（4）调酒所用辅料需新鲜优质，尤其是各类果汁、鸡蛋、奶油等。使用劣质品只会损坏酒品的口味，使其失去应有的风味。

（5）调酒用的冰块需新鲜坚硬、不易融化，碎冰只能在采用搅和法时使用。

（6）配方中如有"滴""匙"等量度单位，必须严格控制特别是使用苦精等材料时，应防止用量过多而破坏酒品的味道。

（7）调酒时常使用鸡蛋清，其目的只是增加酒的泡沫，调节酒的颜色，对酒的味道不会产生影响，但鸡蛋必须新鲜，蛋清与蛋黄分开，蛋清中不可混有蛋黄。此外，蛋清一般可在调酒前预先准备好，并用杯子装好，略加搅匀后备用。

（8）调酒中若使用糖粉，应先用苏打水将其化开，然后再加入其他材料进行调制。尽量使用糖浆，少用糖粉。

（9）调酒时常使用清糖浆，清糖浆可预先准备，其制法是将糖与水按3∶1的比例熬煮冷却即可。

（10）鸡尾酒宜现调现喝，调制好的鸡尾酒放久了会丧失酒品的韵味。

（11）该摇和的酒摇晃时动作要快，要铿锵有声，这样才能使酒充分混合。

（12）该搅拌的酒需迅速搅拌，并将酒充分冰镇，但搅拌时间不宜太长，否则冰块融化会冲淡酒的口味。

（13）调酒时放料顺序应遵循先辅料后主料的原则，这不但可在投料出现差错时降低损失，也可使冰块的融化降至最低点。

（14）鸡尾酒调完后应迅速滤入杯中，酒壶中若有剩余的酒也应尽快滤出，将酒壶洗净以备再用。

（15）量杯使用过必须尽快清洗干净，避免影响下一杯酒的口味。

（16）调酒前必须将所有用料准备好，瓶盖打开，避免用一样取一样，浪费制作时间。

（17）酒用完后立即盖紧瓶盖，恢复原位。

（18）往杯中倒酒时，需控制好每份酒的酒量，不宜倒太满，一般需留出离杯口1/8的空间用于装饰。

（19）调酒时，最好先将载杯置于吧台上，尽量让客人看到你的调酒动作。

（20）调制一杯以上同类酒品，由调酒壶或调酒杯往杯中倒时，可将杯子排成一行，杯缘相接，然后平均分配调制好的酒品，即从左往右，再从右往左，反复分倒，直至倒完。

（21）用于装饰的水果必须新鲜，且当天用当天准备，隔天的水果装饰物不宜再用。

（22）用于装饰的水果片如柠檬片、橙片等切片不宜太薄，一般厚度为0.5厘米左右，水果皮为0.5厘米宽，2～3厘米长，且必须切除其内层的白囊。

（23）罐装、瓶装的樱桃、橄榄等一般根据食用量提前取出适量，并用清水冲洗干净，后用保鲜膜封好放入冰箱备用。

（24）柠檬、橙等水果在榨汁前最好用热水浸泡，这样可多产生1/4以上的果汁。

（25）糖霜或盐霜杯口需在调酒前做好备用，而不应在鸡尾酒调好了再做，否则会使酒中冰块融化，冲淡酒味。

（26）鸡尾酒的装饰要严格遵循配方的要求，宁缺毋滥，自创鸡尾酒的装饰物也应以简洁、协调为原则，切忌喧宾夺主。

（27）鸡尾酒的装饰物一般置于杯口，但如果酒液清澈透明，水果装饰物也可以放入酒中，但需注意卫生。

（28）调酒师必须时刻保持吧台和自己的清洁卫生，各种用具随用随洗，并保持双手干净。

（29）调酒操作过程中要注意轻拿轻放，避免操作叮叮当当，影响客人，破坏酒吧气氛。

（30）酒吧用酒杯必须清洁干净，使用前需检查有无破损。

（31）取拿杯具时，有脚的握杯脚，无脚的应拿杯子1/2以下部分，养成良好的习惯，切忌用手抓住杯口或将手指伸进杯内。

（32）苏打水、汤力水等含汽的饮料不可放入调酒壶中摇晃，以免发生危险，造成损失。

（33）若配方中有"加满苏打水"等内容，必须注意掌握好这类稀释液的用量，避免用量过大使酒液口味变淡。

（34）调制热饮类鸡尾酒时，温度不宜超过78.3 ℃，因为酒精的沸点为78.3 ℃，超过此温度就会使酒精蒸发掉。

（35）酒瓶快空时应开启一瓶新酒，不要在客人面前显示出一只空瓶，更不应用两个瓶里的同一酒品来为客人调制同一份鸡尾酒。

（四）调酒基本原则

美国的戴维·恩伯里（David A. Embury）不是第一个撰写调酒学书籍的人，却是定义"好喝的鸡尾酒"必要元素的先锋。他在1984年出版的《调酒的艺术》（*The Fine Art of Mixing Drinks*）一书中，提出调酒的基本原则：

（1）用质量好的烈酒调制出品质好的鸡尾酒。

（2）鸡尾酒应该让人减少食欲，所以绝对不能太甜，也不能加入太多果汁、蛋、鲜奶油等。

（3）鸡尾酒要甘口，闻起来酒香扑鼻，入口细腻顺滑。

（4）鸡尾酒看起来应该赏心悦目。

（5）鸡尾酒温度要适中。

结合戴维·恩伯里提出的调酒原则，法国的米凯勒·吉多（Mickaël Guidot）在《鸡尾酒原来是这么回事儿》（*Les Cocktails C'est Pas Sorcier*）中，提出调酒的补充原则：

（1）避免同时添加太多种酒。一杯鸡尾酒加入太多烈酒，又加上好几种糖浆和利口酒，到最后很可能变成"四不像"。

（2）不要混合谷类酿造酒和葡萄蒸馏酒。不要拿威士忌混合干邑白兰地，否则会让人认为你不懂装懂。

（3）不要混合伏特加和陈年烈酒。伏特加是中性酒类，混合陈年的烈酒会削弱后者的香气。

（4）精确掌握材料分量。要是每一项材料都比酒谱上的多一点或者少一点，可能会让这杯酒变成大灾难！建议严格遵守酒谱指示的分量。

（5）特别小心朗姆酒与烈酒的组合。避免将朗姆酒与白兰地、金酒或威士忌混合。

任务4 鸡尾酒创作技巧

一、鸡尾酒的创作要素

（一）鸡尾酒创作的目的

1. 表达情感与个性

鸡尾酒创作的一个重要目的是表达情感和个性。调酒师通过选择不同的基酒、果汁、糖浆和装饰物以及独特的调制方法，可以创造出口感各异和外观独特的鸡尾酒。这些鸡尾酒能够反映调酒师的情感状态和个性特征，也能满足顾客的不同需求和喜好。比如，一款口感甜美的鸡尾酒可能代表着浪漫和温馨，而一款口感辛辣的鸡尾酒则可能代表着热情和冒险。

2. 传承与创新文化

鸡尾酒创作也是对文化的一种传承与创新。通过将传统的酒类饮品与现代的调制手法相结合，鸡尾酒不仅保留了传统酒文化的精髓，还注入了现代时尚元素。同时，鸡尾酒创作也吸收了各地的文化特色，将世界各地的风味融入其中，使鸡尾酒成了一种跨越地域和文化的饮品。这种文化的传承与创新，使得鸡尾酒文化更加丰富多彩。

3. 营造氛围与体验

鸡尾酒创作旨在营造特定的氛围，提供独特的体验。在酒吧或餐厅中，一款精心调制的鸡尾酒往往能够营造出轻松、愉悦或浪漫的氛围，让顾客在品尝美酒的同时，也能享受到舒适的环境和优质的服务。此外，鸡尾酒创作也注重顾客的体验感受，通过独特的口感、香气和视觉效果，让顾客在品尝过程中获得愉悦和满足。

4. 推广酒类知识与文化

鸡尾酒创作也是推广酒类知识和文化的一种途径。通过调制各种鸡尾酒，调酒师可以向顾客介绍不同酒类的特点、口感和饮用方法，帮助他们更好地了解和欣赏酒类饮品。同时，鸡尾酒创作也可以传播酒文化的历史、传统和礼仪，让更多的人了解和喜爱酒文化。

（二）鸡尾酒的创意

创意，是人们根据需要而形成的设计理念。理念是一款鸡尾酒新型设计的思想内涵和灵魂。创作出具有非凡的艺术感染力的作品，绝好的鸡尾酒创意是关键。在鸡尾酒创作过程中，创意一定要新颖，创作者的思路一定要清晰，要善于思考和挖掘，善于想象，不断形成新的理念。

1. 鸡尾酒创意的要求

（1）口感平衡：鸡尾酒的味道需要平衡和谐，基酒、果汁、糖浆等配料之间的比例要恰到好处，既不能过于甜腻，又不能过于苦涩。

（2）视觉吸引：鸡尾酒的颜色、层次和装饰要具有视觉吸引力，能够激发人们的兴趣和好奇心，从而增加品尝的欲望。

（3）创意独特：鸡尾酒创意要独特新颖，避免与已有的鸡尾酒重复或相似，以展现调酒师的个性和创造力。

（4）易于制作：虽然追求创意，但鸡尾酒的调制过程应尽可能简单明了，方便调酒师和顾客操作。

2. 鸡尾酒创意的主要来源

（1）传统文化与习俗：鸡尾酒创意来源于世界各地的传统文化和习俗，比如将具有地方特色的食材、酒类与调制手法相结合，创造出具有地域特色的鸡尾酒。

（2）自然元素：大自然的色彩、味道和形态都可以为鸡尾酒创意提供灵感。比如，可以根据季节的变化选择不同的水果、花朵和草药，调制出具有自然风味的鸡尾酒。

（3）历史故事与人物：历史故事、历史人物和事件也可以激发鸡尾酒创意。通过将这些元素融入鸡尾酒的名称、配方和装饰中，可以创造出具有故事性和历史文化内涵的鸡尾酒。

（4）艺术与文化作品：绘画、音乐、文学等艺术与文化作品也是鸡尾酒创意的重要来源。调酒师可以从这些作品中汲取灵感，将艺术的美感与酒文化的魅力相结合，创造出独具特色的鸡尾酒。

（5）顾客需求与反馈：顾客的需求与反馈也是调酒师获取创意的重要途径。通过与顾客沟通了解他们的口味偏好和特殊需求，调酒师可以有针对性地创新鸡尾酒配方，满足顾客的需求和期望。

（三）鸡尾酒创作的个性与特点

1. 鸡尾酒创作的个性

（1）个性化风格：每位调酒师在创作鸡尾酒时，都会融入自己的个人风格和独特审美。这种个性化风格体现在对原料的选择、比例的搭配、调制手法的运用以及装饰的点缀上，使得每一款鸡尾酒都如同调酒师的个性签名，具有鲜明的个人特色。

（2）创新性思维：鸡尾酒创作要求调酒师具备丰富的想象力和创造性思维。他们不拘泥于传统的配方和做法，敢于尝试新的原料、新的搭配和新的调制方式，从而创造出前所未有的鸡尾酒款式。

（3）情感表达：鸡尾酒创作往往也是调酒师情感表达的一种方式。他们通过鸡尾酒的色彩、口感和装饰，传达自己的情感、心境或对某个特定主题的理解，使鸡尾酒成为情感沟通的媒介。

2. 鸡尾酒创作的特点

（1）多样性与包容性：鸡尾酒创作具有极强的多样性和包容性。无论是酒类、果汁、糖浆还是其他调味品，都可以成为鸡尾酒创作的原料。这种多样性使得鸡尾酒创作具有无限的可能性，能够适应不同人群的口味需求和文化背景。

（2）精细化的调配与比例：鸡尾酒创作的精髓在于对原料的精细调配和比例的精准掌握。调酒师需要根据原料的口感、风味和酒精度，精确计算每种原料的用量和比例，以确保鸡尾酒的整体口感和谐、平衡。

（3）艺术化的呈现：鸡尾酒创作不仅注重口感和品质，还追求视觉上的艺术化呈现。调酒师通过巧妙的摇晃、搅拌和装饰，使鸡尾酒呈现出美丽的色彩、层次和造型，给人以视觉上的享受和美感。

（4）文化内涵的融合：鸡尾酒创作往往融合了丰富的文化内涵。调酒师可以将当地的传统文化、历史故事或民俗风情融入鸡尾酒的创作中，使鸡尾酒成为文化交流的载体，展现出独特的地域特色和民族风情。

鸡尾酒创作具有鲜明的个性特点。它要求调酒师具备丰富的想象力、创造性思维和精湛的技艺，通过个性化的风格、创新性的思维、多样性的情感表达、精细化的调配与比例、艺术化的呈现和文化内涵的融合，创造出具有独特魅力和个性的鸡尾酒作品。

（四）鸡尾酒创作的联想

（1）联想，是内在凝聚力的爆破、情感的释放，是激发感染力的动力。鸡尾酒之所以能超出酒的自然属性，以其艺术魅力扩大消费者范围，很重要的原因是鸡尾酒的联想效果。

（2）联想效果有助于丰富鸡尾酒的感官体验。调酒师在创作过程中，通过联想将各种原料的味道、颜色、香气等与感官属性进行关联，从而创造出具有层次感和复杂性口感的鸡尾酒。例如，当调酒师使用柠檬作为原料时，他可能会联想到柠檬的清新酸爽和明亮的黄色，进而将这种联想融入鸡尾酒的口感和色彩设计中，使饮用者在品尝时能够感受到柠檬的酸爽和明亮的视觉享受。

（3）联想效果有助于增加鸡尾酒的文化内涵。在鸡尾酒创作中，调酒师可以通过联想将不同的文化元素、历史典故或传统习俗与鸡尾酒进行关联，从而赋予鸡尾酒独特的文化意义。这种文化内涵的融入不仅使鸡尾酒更具吸引力，还能够促进不同文化之间的交流。例如，某些鸡尾酒可能以某个国家的传统饮品为灵感，通过联想将其特色元素融入其中，使饮用者在品尝时能够感受到异国文化的魅力。

（4）联想效果能够激发调酒师的创意灵感。在鸡尾酒创作中，调酒师常常需要打破常规，尝试新的原料搭配和口感组合。通过联想，调酒师可以对不同领域的元素进行关联，从而发现新的创意点和创新方向。这种创意灵感的激发有助于推动鸡尾酒创作的不断进步和发展。

（5）联想效果还能够提升鸡尾酒的个性化和情感表达。每一款鸡尾酒都是调酒师个性和情感的体现。通过联想，调酒师可以将自己的独特风格和情感表达融入鸡尾酒创作中，使每一款鸡尾酒都具有鲜明的个性特点。这种个性化和情感表达的融入，使得鸡尾酒成为一种能够触动人心、传递情感的饮品。

一款鸡尾酒的设计，要通过色彩、形体、嗅觉、口感为媒介，来表现深藏在调酒师内心中的各种情感，如果失去联想力，那么鸡尾酒就丧失了价值，又回复到它的原始属性。饮一杯"彩虹鸡尾酒"，便会联想到色彩绚丽的舞衣、舞台上旋转的舞步，这就是设计"彩虹鸡尾酒"时预期的目的。如果不去考虑创造的联想，又有谁会不厌其烦地将各种色彩不同的酒费尽心机去按比重一层又一层兑入小小的酒杯之中？如果鸡尾酒的设计排除联想的可能性、必然性，就失去了美的诱惑力。在设计鸡尾酒时，安排一切契机去增强创造的联想效果，是不容忽视的。一个美好的幻想、一个美丽的梦都可以成为一种创新鸡尾酒的最佳创意。

二、鸡尾酒的创作技巧

创作设计一款新型鸡尾酒，对有经验的调酒师来说是一件很容易的事情。因为鸡尾酒是一种随机性很强的混合饮料，调酒师只要把选用的原料，按照鸡尾酒调制的基本规律和程序，借助自己的审美意识和饮食习惯，便可以自由地设计出一款独特的鸡尾酒。

设计鸡尾酒时，可以从多方位、多层次、多侧面去体现创造的需要，反映创造的意念，渲染创造的个性，激发创造的联想。

1. 时间侧面

时间伴着人生，丰富人生，充实季节，编织年轮。时间与生命紧紧地交织在一起，与人类生存息息相关。透过这个侧面，任何人都会有所思、有所想，也就给新款鸡尾酒的设计带来取之不尽的素材与灵感。

2. 空间侧面

空间给我们无限的遐想，结构、材料构成空间，色彩体现空间。人的心灵只有在空间中飞翔，才可能真正体会空间中的天、地、日、月、朝、暮，风、云、雨、露，从而设计出体现空间美的鸡尾酒。

3. 博物侧面

世界万物都有其美丽、神奇的方面，无论是日、月、水、土，还是风、霜、雨、雪；无论是绿草，还是鲜花。对万千事物的各种理解，都可以赋予鸡尾酒设计者以美丽、神奇的联想，从而创造出独具魅力的新款鸡尾酒。

4. 典故侧面

精彩的典故，仅凭只言片语，就能形象地点明历史事件，揭示出耐人寻味的人生哲理。巧妙运用典故，可使鸡尾酒具有丰富的内涵。

另外，设计者还可以从人物、文字、历史、军事、伦理等一系列角度展开联想，创作鸡尾酒。

三、鸡尾酒的创作方法

鸡尾酒调制的目的就是混合两种以上的材料，而产生令人愉快的美味。鸡尾酒好比一首曲调，每个音符都有它特殊的性能和地位。

虽然学会调酒并不是一件很难的事，但要学会创作一款色、香、味俱佳，又易推广的鸡尾酒却不是一件容易的事。对任何调酒师来说，扎实的酒品知识和高超的调酒技巧是创作鸡尾酒的基础。同时，富于想象和具备一定的艺术功底又是创作鸡尾酒必不可少的条件。只要勤于思考，肯钻研，多动脑，多学习，创作鸡尾酒并非高不可攀。鸡尾酒的创作一般包括立意、选料、制定配方、择杯、调制、装饰等步骤。

（一）立意

一款好的鸡尾酒带给人的不仅仅是感官的刺激，更多的是视觉艺术的享受、精神的享受。鸡尾酒这种完美境界的实现归根到底在于酒品创作的立意。

立意，也就是要明确创作思想，这是鸡尾酒创作的第一步。立意，又称创意，即确立鸡尾酒的创作意图。人们借助自身的奇思妙想创造出了鸡尾酒，并且不断在生活中产生灵感，形成新的构思，创造出一款款新的鸡尾酒品种。

1. 创新意识的内涵

好的创意来自良好的创新意识。良好的创新意识包括以下四个方面的内容：

（1）炽热的求知欲望。鸡尾酒的创作涉及酒品知识、酿造学、色彩学、美学等诸多学科的知识。只有不断学习、不断钻研，掌握越来越多的相关知识，才能为创作新品打下坚实的基础。

（2）好奇心。好奇心是创意、创造的萌芽。强烈的好奇心可以帮助人们选择创意方向，捕捉创新信息，激发创作思路，驱策创造行动。

（3）创造欲。有强烈创造欲的人，绝不安于现成的答案，总想自己独立探索，发现新东西，这种素质可能比智力更重要。有强烈创造欲的人富于进取心和进攻性，因而富于创新意识，并能及早地将之转化为实际行动。

（4）大胆质疑。质疑是创新之始，没有疑问，就不会有创意，人世间的一切事物总是在不断地演变，人类的认识和实践总是不断地发展。要跟上时代的发展步伐，就要不断有新的创意。

鸡尾酒的创作立意是关键，有了好的创意才有可能形成有特色的产品，立意是创作好一款鸡尾酒的重要环节。

鸡尾酒的创作立意是多方位、多层次的，既可以源于一件事、一个人，又可以源于一景一物，触景生情，因事抒意，通过创作鸡尾酒来表达对美好事物的憧憬和向往。

2. 如何寻找鸡尾酒创意

寻找鸡尾酒创意可以从以下几个方面考虑：

（1）因事得意，就是根据一些重大事件或有历史意义的事件产生联想，形成创意。

（2）触景生情，大自然的美好景色历来是各类艺术创作的极佳素材。

（3）闻乐起意，通过欣赏音乐，深刻体会音乐的含义，领悟音乐所表达的思想情感，同样对鸡尾酒的创作有很大启发。

（4）其他能够催生鸡尾酒创意的题材还有很多，如爱情题材、影视题材、典故题材等。总之，时间、空间、人物、文化、艺术等方面的题材都可能会使我们产生创作灵感，形成创作意念。

（二）选料

任何一款鸡尾酒，有了好的创意还需通过酒品来进行具体形象的表达。因此，确定了创意后，认真、准确地选择调配材料就显得十分重要。

1. 基酒的选择

鸡尾酒是由基酒、辅料和装饰物等部分构成的。可以用作基酒的材料很多，如金酒、朗姆酒、伏特加、威士忌、白兰地、特基拉、葡萄酒、香槟酒等。中国白酒也越来越多地被用作基酒来调制鸡尾酒。

2. 辅料的选择

鸡尾酒调制的辅料品种很多，酒性各异。选择辅料是在选料中最具技术性的工作。能否通过这些调酒材料正确表现酒品的色、香、味，以及表达创作者所要表示的创作意图，很大程度上在于对这些调酒辅料的取舍。调酒辅料的选择是围绕着鸡尾酒的创意进行的，无论是酒的颜色还是酒的口味都要能非常贴切地表达作者的创作思想，否则就失去了创作的意义。在选择辅料时，要着重注意两个方面的问题：一是颜色，二是口味。

（三）制定配方

确定标准配方，也称制定标准酒谱，是保证酒品色、香、味等诸因素达到并符合规定标准和要求的基础。因此，不论创作什么样的鸡尾酒，都必须制定相应的配方，规定酒品主辅料的构成，描述基本的调制方法和步骤。一旦确定了标准配方，就不再轻易进行变动和更改，这对确保所调制出的鸡尾酒的品质的统一也是十分有益的。

（四）择杯

鸡尾酒载杯的选择取决于酒量的大小和创作的需要。所谓酒是体、杯是衣，人靠衣装酒靠杯装。酒杯是酒品色、香、味、形中"形"的重要组成部分。传统的鸡尾酒杯是三角形或倒梯形的高脚杯。在创作鸡尾酒时，选择传统酒杯是一种常见的做法，但为了能更好地表现创作者的创作思想，构造鸡尾酒与众不同的"形"，往往在杯具的选择上需动一番脑筋。选择自创酒载杯时,一方面可以利用酒吧现有杯具,如常见的鸡尾酒杯、柯林杯、酸酒杯等;另一方面可以选择一些与酒品主题相吻合的特型杯。此外,选择杯具时还应考虑载杯的容量,杯具的大小必须符合配方的需要。

(五)调制

鸡尾酒在调制过程中,必须注意两点:一是调制方法的选择;二是根据创作意图进行配方的修改。

调制方法的选择也能反映创作者的创作思路和意图,为了使创作的鸡尾酒与众不同,更具吸引力,很多创作者在选择调酒方法时往往根据酒品或主题的需要,选择两种或两种以上的方法,其目的在于增加制作难度和调制过程中的表演性。

调制过程实际上就是把构想转变为成品的过程,经过调制而成的鸡尾酒品在色、香、味等诸方面要与创意相吻合,要对已形成的配方进行调整和修改,但此时的调整是微调,即对配方中各种材料的用量进行适当调整,使酒品的色、香、味等因素更和谐、更协调,更能充分表达创作意图。这种调整就如同做物理和化学实验一样,有时需要经过无数次的失败才能取得成功。一旦调整结束,最终的配方就形成了,此时可根据经营的需要,将它制作成标准酒谱,列入酒单进行销售。

(六)装饰

鸡尾酒调制中的装饰,其目的和意义都极为重要,它们共同提升了鸡尾酒的整体魅力和饮用体验。

1. 装饰的目的

鸡尾酒装饰的主要目的是增强视觉效果,吸引人们的注意力。使用色彩鲜艳、造型美观的装饰物,可以使鸡尾酒更加诱人,让人一见倾心。同时,装饰物还可以与鸡尾酒的口感和主题相呼应,形成视觉和味觉上的双重享受。

2. 装饰的意义

鸡尾酒装饰的意义在于提升饮用体验。装饰物不仅可以增加鸡尾酒的美感,还可以增添香气和风味。例如,使用柠檬皮或橙皮进行装饰,不仅可以让鸡尾酒散发出清新的果香,还可以为鸡尾酒增添一丝酸甜的风味,使其口感更加丰富、有层次。

3. 装饰的创意和个性

鸡尾酒的装饰体现了调酒师的创意和个性。每位调酒师都有自己的独特风格和创意,对装饰物的选择和搭配,可以展现出调酒师的个性和创意水平。这不仅增强了鸡尾酒的独特性,还提升了其在市场上的竞争力。

最后,鸡尾酒装饰还可以传递文化和情感信息。某些装饰物可能具有特定的文化含义或象征意义,将其融入鸡尾酒中,可以传递出特定的文化或情感信息,使饮用者在品尝鸡尾酒的同时,也能感受到其中的文化内涵和情感价值。

任务5　以白兰地为基酒的鸡尾酒

一、以白兰地为基酒的鸡尾酒

1. 亚历山大

原料：

白兰地	30 ml
可可豆利口酒	15 ml
鲜奶油	15 ml

调制方法：摇和法。将原材料充分摇匀后倒入鸡尾酒杯中。

据说该款鸡尾酒深受19世纪英国国王爱德华七世的青睐。该款酒品具有奶油的口感，巧克力般的甜味。因为使用了鲜奶油，所以在摇动过程中要快速、强烈、有力。

2. 古巴人的鸡尾酒

原料：

白兰地	30 ml
杏子白兰地	15 ml
酸橙汁	15 ml

调制方法：摇和法。将原材料充分摇匀后倒入鸡尾酒杯中。

该款鸡尾酒名为"古巴人的鸡尾酒"。该款鸡尾酒清香适口，饮用时，可以感受到杏仁的清爽香味和白兰地的成熟味道。

3. 尼克拉斯加

原料：

白兰地	适量
砂糖	1 茶匙
柠檬片	1 片

调制方法：兑和法。将白兰地倒入利口酒杯中，然后把堆有砂糖的柠檬片放在酒杯上。

该款鸡尾酒产于德国，因其独特的饮用方法而知名。该款酒品的饮用方法是先将堆有砂糖的柠檬片对折，然后放入口中轻轻一咬，待口中充满甜味及酸味后，再一口喝下白兰地。这是一种在口中调制的鸡尾酒。

4. 马颈

原料：

白兰地	45 ml

姜汁汽水　　　　　　适量
柠檬皮　　　　　　　1个

调制方法：兑和法。将整个削成螺旋状的柠檬皮垂于酒杯中，放入冰块，倒入白兰地。然后用冰凉的姜汁汽水注满酒杯，并轻轻搅拌。

该款鸡尾酒既具有柠檬的风味，又具有姜汁汽水爽快的口感。制作这种风格的鸡尾酒时，用威士忌、金酒或朗姆酒等作为基酒也同样美味可口。

二、以伏特加为基酒的鸡尾酒

1. 姑娘

原料：

伏特加　　　　　　　30 ml
雪莉白兰地　　　　　45 ml
凤梨汁　　　　　　　60 ml
柠檬汁　　　　　　　10 ml
椰汁　　　　　　　　20 ml
凤梨块　　　　　　　适量

调制方法：摇和法。将原材料倒入盛有冰块的杯中，然后再装饰上凤梨块。

这款鸡尾酒是在"琪琪"的基础上加入雪莉白兰地后兑成的。它色泽鲜亮，深受人们的欢迎，是具有热带风情的饮品。

2. 螺丝刀

原料：

伏特加　　　　　　　45 ml
柳橙汁　　　　　　　适量
柳橙片　　　　　　　适量

调制方法：兑和法。将伏特加倒入盛有冰块的酒杯中，然后用冰凉的柳橙汁注满酒杯，并轻轻地搅拌。最后根据个人喜好装饰柳橙片。

这款鸡尾酒的命名来自搅拌匙的"回旋"形态。它的口感清爽滑润。

3. 激情海岸

原料：

伏特加　　　　　　　15 ml
甜瓜利口酒　　　　　20 ml
木莓利口酒　　　　　10 ml
凤梨汁　　　　　　　80 ml

调制方法：兑和法。将原材料倒入盛有冰块的酒杯中，并轻轻地搅拌。也可以适当地调匀原材料后再饮用。

这款鸡尾酒因在电影《鸡尾酒》中出现，所以人们对它十分熟悉。它融合了甜瓜利口酒和木莓利口酒的特色，能够让人充分地享受那迷人的鲜果芳香。

4. 蓝色潟湖

原料：

伏特加	30 ml
蓝柑桂酒	20 ml
柠檬汁	20 ml
柳橙片、酒味樱桃	各适量

调制方法：摇和法。将原材料摇匀后倒入鸡尾酒杯中，然后再装饰上柳橙片和酒味樱桃。

三、以金酒为基酒的鸡尾酒

1. 理想

原料：

干金酒	40 ml
干味美思	20 ml
葡萄柚汁	1 茶匙
黑樱桃甜酒	3 滴

调制方法：摇和法。将原料摇匀后倒入鸡尾酒杯内。

这款鸡尾酒把辛口的金酒、干味美思与葡萄的酸味以及黑樱桃甜酒的芳香完美地结合在一起。这款酒品清甜爽口，适合餐前饮用。

2. 亚历山大姐妹

原料：

干金酒	30 ml
绿薄荷酒	15 ml
鲜奶油	15 ml

调制方法：摇和法。将原料摇匀后倒入鸡尾酒杯内。

这款甘口鸡尾酒是由"亚历山大"变化而来，它同时有薄荷香和奶油香，所以深受女性喜爱。

3. 蓝宝石酷乐

原料：

干金酒	25 ml
君度酒	15 ml
葡萄味果汁	15 ml
柠檬皮	适量

调制方法：摇和法。将原材料摇匀后倒入鸡尾酒杯，然后再装饰上柠檬皮。

这款鸡尾酒在 1990 年爱德华威士忌鸡尾酒大赛上获得"自由作品组优胜奖"。它那蓝宝石般的美丽色泽令人难以忘怀。在饮用该款酒品之前，需挤入几滴柠檬皮汁。

4. 金司令

原料：

干金酒	45 ml
砂糖	1 茶匙
苏打水	适量

调制方法：兑和法。将金酒和砂糖倒入平底大玻璃杯后充分地搅拌，然后放入冰块，用冰凉的苏打水注满酒杯轻轻地调和。

这是一款充满年代感的鸡尾酒。它在金酒中加入了味道甜美的苏打水。通常制作名字中带有"司令"的鸡尾酒需要加入柠檬汁，但是这款酒品的配方中并没有这种原材料。

四、以朗姆酒为基酒的鸡尾酒

1. 绿眼睛

原料：

金黄朗姆酒	30 ml
甜瓜利口酒	25 ml
凤梨汁	45 ml
椰奶	15 ml
酸橙汁	15 ml
碎冰	1 茶匙
酸橙片	适量

调制方法：搅和法。将原材料放入搅拌机搅拌后，倒入酒杯中并装饰上酸橙片。

这款椰子风味的鸡尾酒味道香甜、清新舒适。

2. 上海

原料：

牙买加朗姆酒	30 ml
贝合诺酒	10 ml
柠檬汁	20 ml
石榴糖浆	2 滴

调制方法：摇和法。将原材料摇匀后，倒入鸡尾酒杯中。

这是一款以繁华热闹的商业都市——上海命名的鸡尾酒。这一杯颇具中国情调的鸡尾酒，既有牙买加朗姆酒（黑色或金黄色）的特有风味，又有贝合诺酒的独特芳香。另外，在原来的配方中，不使用贝合诺酒，而是使用"茴芹种子利口酒"。

3. 天蝎座

原料：

白朗姆酒	45 ml
白兰地	30 ml
柳橙汁	20 ml
柠檬汁	20 ml
酸橙汁（加糖）	15 ml
柳橙片、酒味樱桃	适量

调制方法：摇和法。将原材料摇匀后，倒入装有碎冰的酒杯内。可以根据个人的喜好装饰上柳橙片和酒味樱桃。

这是一款原产于夏威夷的热带风情饮品。这款酒品中虽然加入了很多的烈酒，但它的口感宛如新鲜果汁般爽快。

4. 朗姆茱莉普

原料：

白朗姆酒	30 ml
黑朗姆酒	30 ml
砂糖（或糖浆）	2 茶匙
薄荷叶	4～5 片

调制方法：兑和法。将朗姆以外的原材料倒入柯林杯内，一边将砂糖化开，一边加入薄荷叶进行搅拌，再倒入朗姆酒。最后将酒液倒入盛有碎冰的酒杯中，等充分搅拌均匀后放入吸管。

五、以特基拉为基酒的鸡尾酒

1. 特基拉日出

特基拉酒	45 ml
柳橙汁	90 ml
石榴糖浆	2 茶匙
柳橙片	适量

调制方法：兑和法。将特基拉酒和柳橙汁倒入盛有冰块的酒杯中，轻轻地搅拌后，让石榴糖浆缓慢地沉淀下来。可以根据个人的喜好装饰上柳橙片。

这是易让人联想到墨西哥朝霞的一款充满热情的鸡尾酒。20 世纪 70 年代，滚石乐队的成员米克·贾格尔在墨西哥演出时特别喜欢喝这款鸡尾酒，使得这款鸡尾酒更出名。

2. 丝袜

原料：

特基拉酒	30 ml

可可豆利口酒（褐色）	15 ml
鲜奶油	15 ml
石榴糖浆	1 茶匙
酒味樱桃	适量

调制方法：摇和法。将原材料充分摇匀后，倒入鸡尾酒杯中。可以根据个人的喜好装饰上酒味樱桃。

这款鸡尾酒是一种餐后酒。这款酒品是以白兰地作为基酒的"亚历山大"鸡尾酒的变异之一，它加入石榴糖浆后极具浓郁的奶油甜香味。

3. 骑马斗牛士

原料：

特基拉酒	30 ml
咖啡利口酒	30 ml
柠檬皮	适量

调制方法：调和法。将原材料用搅拌机搅拌后，倒入鸡尾酒杯中，再挤入几滴柠檬皮汁。

这是一款口感舒畅、口味浓烈的鸡尾酒。它在香甜口味的咖啡利口酒中加入了特基拉酒特有的风味，饮用时可以让人隐约地品味到柠檬皮的清新香气。

4. 迪克尼克

原料：

特基拉酒	45 ml
汤尼水	适量
酸橙块	适量

调制方法：兑和法。将特基拉酒倒入盛有冰块的酒杯中，再用冰凉的汤尼水注满酒杯并轻轻地搅拌。可以根据个人的喜好装饰上酸橙块。如果饮用前放入扭拧过的酸橙块，则更能衬托特基拉酒（白色或金黄色）的美味。

六、以威士忌为基酒的鸡尾酒

1. 墨水大街

原料：

黑麦威士忌	30 ml
柳橙汁	15 ml
柠檬汁	15 ml

调制方法：摇和法。将原材料摇匀后，倒入鸡尾酒杯中。

这是一款以美国产的黑麦威士忌为基酒的、口味清淡的鸡尾酒。这款鸡尾酒中调入了大量的柳橙汁和柠檬汁，酸味适中。

2. 威士忌鸡尾酒

原料：

威士忌	60 ml
安哥斯特拉苦精	1 滴
糖浆	1 滴

调制方法：调和法。将原材料用混合杯搅拌后，倒入鸡尾酒杯中。

这是一款在威士忌中加入了安哥斯特拉苦精的苦味和糖浆的甜味后调制而成的正宗的鸡尾酒。在制作这款酒品时，多使用苏格兰威士忌、黑麦威士忌或波旁威士忌等威士忌作为基酒。

3. 牛仔

原料：

波旁威士忌	40 ml
鲜奶油	20 ml

调制方法：摇和法。将原材料充分摇匀后，倒入鸡尾酒杯内。

虽然这款酒品只运用了在波旁威士忌中添加鲜奶油的简单配方，但它饮用起来清香适口、口味醇厚。

4. 迈阿密海滩

原料：

威士忌	35 ml
干味美思	10 ml
葡萄柚汁	15 ml

调制方法：摇和法。将原材料摇匀后，倒入鸡尾酒杯内。

这是一款口感爽快、十分美味的鸡尾酒。该款鸡尾酒有着威士忌的特有香味和干味美思的醇厚口感、浓郁香气及葡萄柚汁的怡人酸味。

复习与思考

1. 名词解释：摇和法、调和法、兑和法、搅和法。

2. 简述鸡尾酒创作的要素。

3. 简述鸡尾酒创作的方法。

4. 以小组为单位，通过实际操作训练，正确使用不同的调酒方法调制鸡尾酒。

5. 以小组为单位，根据客人的不同要求，调制相应的经典鸡尾酒。

知识拓展　无酒精鸡尾酒

模块六　酒吧管理

学习目标

1. 了解酒吧的运营流程、服务标准、酒水知识等，为酒吧的日常运营提供理论基础。

2. 学习如何提供优质的客户服务，包括沟通技巧、服务态度、解决问题的能力等，以提升客户满意度和忠诚度。

3. 学习制订有效的市场推广计划，包括促销活动、品牌推广、客户维护等，以吸引和留住更多客户。

4. 了解酒吧的成本控制、收入管理、预算制定等方面的知识，确保酒吧的盈利能力和经济效益。

5. 学习如何组建和管理高效的团队，发挥团队成员的优势，共同推动酒吧的发展。

任务1　酒吧知识概述

一、酒吧的概念

酒吧（Bar，Pub）是指提供啤酒、葡萄酒、蒸馏酒、鸡尾酒等酒精饮料的消费场所。其中 Bar 多指娱乐休闲类的酒吧，提供现场乐队或歌手、专业舞蹈团队的表演。部分 Bar 还有调酒师表演精彩的花式调酒。而 Pub 多指英式的以饮酒为主的酒吧，是 Bar 的一种分支。

二、酒吧的历史及发展

（一）酒吧的历史

酒吧是舶来品，英文名是 Bar 或 Pub。其中，"Bar"最基本的解释是（木、金属等）长杆和棒（尤指用作障碍、系结物或武器）。"Bar"最开始是指美国西部牛仔和强盗常去喝酒的小酒馆前用来拴马的横木。后来随着工业的发展，汽车逐渐取代马成为主要的交通工具，而小酒馆门前的横木逐渐失去作用而被拆除。其中有一位老板不想扔掉酒馆象征的横木，于是将其放在柜台下面，成为顾客垫脚的地方，因此"Bar"逐渐发展出柜台、吧台的意思，以至到后来用来代指酒吧。

"Pub"是 Public House 的简称，是英国的传统酒吧，常见于英国和英属殖民地国家。"Pub"的由来也有一段有趣的历史。话说一千年前的英国农家喜欢自己酿酒，往往也会拿出一些挂上招牌售卖，但是农夫不会写字，所以用图案代替文字招揽客人，简单易懂。不同的商家会用不同的图案吸引注意。这一传统延续下来，因此不同的英式小酒馆拥有不同的图案，用来代表酒吧的特色和风格。英国的"Pub"传到美洲大陆经过变异和拓展就出现了"Bar"，但是由于使用人群和文化的不同，在国外"Bar"和"Pub"也有一定的差异。Pub 往往大白天就开门迎客，营业时间通常是从下午到午夜，提供简餐，现在有些 Pub 也逐渐发展到在晚上提供牛排之类的主菜。相对于 Bar，这里是聊天的好地方。在 Pub，通常都有台球桌、飞镖或者一些小游戏供大家喝酒的时候玩一把助兴。Pub 内部会有很多饰品，如墙上的壁画、颇具年代感的桌椅，这些装饰都或多或少跟当地的历史文化有关，犹如当地的小型博物馆。另外，这里一般不设舞池，因此 Pub 相较于 Bar 其实更具有年代感和文化性。这里又不得不提到另一个容易混淆的词"Club"，Club 其实是 Night Club 的简称，不同于俱乐部，一般指的是人们印象中的夜店，营业时间是从晚上到凌晨。Club 主打的就是音乐和跳舞，因此 Club 和其他酒吧的区别在于里面有舞池而座位较少，跳舞或者看乐队现场演出是来这里的主要目的，音乐的音量也非常大。Bar 则是介于 Pub 和 Club 之间的一种类型，营业时间会比较晚（通常营业到午夜之后），店里的灯光会柔和一些，会放一些流行音乐（没有Club 的音乐那么劲爆），店里一般不提供除了零食之外的食物，或者仅提供很简单的一些食物，也提供舞厅供客人跳舞，有时候还有乐队演出或者卡拉 OK 等，各方面都介于 Pub 和 Club 之间。

（二）酒吧的发展

从英式小酒馆到美洲酒馆发展出不同类型的酒吧，酒吧这一商业类型在国外已经有几百年的历史，传入中国也有 40 年左右的时间。20 世纪中期，茶馆、戏台还是百姓闲暇之余的好去处，到 20 世纪 80 年代，一些外资和中外合资的酒店、餐厅为吸引更多的顾客，引入酒吧，专门辟出一个空间布置上酒桌、吧台、酒柜，从而形成了国内最早的酒吧。后来一些商人从中看到了商机，于是将存在于酒店娱乐空间和餐厅附属位置的酒吧分离出来，使酒吧成为一种独立的商业模式，并将酒吧带到了城市的繁荣街区或者外国人聚集的使馆区、文化区，不仅吸引着对西方文化充满好奇的中国人，还让身处中国的西方人感受着来自故乡的味道。酒吧大受欢迎，经过不断发展，同时吸收本土文化和地方特色发展出不同形式和功能的酒吧，尤其在北京、上海、广州等地，由于地域优势更多更早地接触酒吧，快速发展出富有城市特色的酒吧类型，从室内造型到舞台表演形式各具特色。经过几十年的发展，酒吧逐渐取代茶馆、酒楼、迪厅、歌厅、舞厅在城市夜生活中的位置,并且慢慢适应和吸收本土文化,结合消费者需求发展出各具特色的酒吧。

三、酒吧的分类

(一)根据服务内容分类

1. 纯饮品酒吧

这类酒吧主要提供各类饮品,也有一些佐酒小吃,如果脯以及杏仁、果仁、花生等坚果类食品。一般的娱乐中心酒吧及机场、码头、车站等地的酒吧为纯饮品酒吧。

2. 供应食品的酒吧

(1)餐厅酒吧:这种酒吧绝大多数经营餐饮食品,酒吧仅作为吸引客人消费的一种手段,所以酒水利润相对于纯饮品酒吧要低。

(2)小吃型酒吧:这种酒吧小吃的品种往往是风味独特且易于制作的食品,如三明治、汉堡、烤肉等。

(3)夜宵式酒吧:这种酒吧往往是高档餐厅的夜间经营场所。入夜,餐厅将环境布置成酒吧,有酒吧特有的灯光及音响设备;产品上,酒水与食品并重,客人可单纯享用夜宵或其他特色小吃,也可单纯享用饮品。

3. 娱乐型酒吧

这类酒吧的环境布置主要是为了满足寻求刺激的客人的需求,所以这种酒吧往往设有乐队、舞池、卡拉 OK 等。有的甚至以娱乐为主、酒吧为辅,吧台在总体设计中所占空间较小,舞池较大。

4. 休闲型酒吧

这类酒吧通常称之为茶座,是客人松弛精神、怡情养性的场所。其主要面向寻求放松、约会的客人,所以座位会很舒适,灯光柔和,音响音量较小,环境温馨幽雅。除酒品外,供应的饮料以软饮为主,咖啡是其所售饮品中的一个大项。

5. 俱乐部、沙龙型酒吧

由具有相同兴趣爱好、职业背景、社会背景的人组成的松散型社会团体,会在某个特定酒吧定期聚会,谈论共同感兴趣的话题、交换意见及看法,同时有饮品供应。比如"企业家俱乐部""股票沙龙""艺术家俱乐部""单身俱乐部"等。

(二)根据经营形式分类

1. 附属经营酒吧

(1)娱乐中心酒吧:附属于某一大型娱乐中心,客人在娱乐之余,往往到酒吧饮一杯酒。此类酒吧往往提供酒精含量低及不含酒精的饮品,属于增兴服务场所。

(2)饭店酒吧:为旅游住店客人特设,也接纳当地客人。

2. 独立经营酒吧

独立经营酒吧单独设立,经营品种较为全面,服务设施上档次,间或有娱乐项目,交通方便，常吸引大量客人。

（1）市中心酒吧：顾名思义地点在市中心，一般设施和服务趋于全面，常年营业，客人逗留时间较长，消费也较多。因地处市中心，此类酒吧竞争压力很大。

（2）交通终点酒吧：设在机场、火车站、港口等旅客中转地，纯粹是为旅客消磨等候时间、休息放松而设置的。客人一般逗留时间较短，消费量较少，但周转率很高。一般此类酒吧经营品种较少，服务设施比较简单。

（3）旅游地酒吧：设在海滨、森林、温泉、湖畔等风景旅游地，供游人在玩乐之后放松。其一般都有舞池、卡拉 OK 等娱乐设施，但所经营的饮料品种较少。

（三）根据服务方式分类

1. 立式酒吧

立式酒吧是传统意义上的典型酒吧，即客人不需服务人员服务，一般自己直接到吧台上喝饮料。"立式"并非指宾客必须站立饮酒，也不是指调酒师或服务员站立服务，它只是一种传统的习惯称呼。

在这种酒吧里，有相当一部分客人是坐在吧台前的高脚椅上饮酒，而调酒师则站在吧台里边，面对宾客进行操作。因为调酒师始终处在与宾客的直接接触中，所以这要求调酒师始终保持整洁的仪表，谦和有礼的态度，当然还必须掌握熟练的调酒技术以吸引客人。传统意义上的立式酒吧调酒师，一般都单独工作，因为不仅要负责酒类及饮料的调制，还要负责收款工作，同时必须掌握整个酒吧的营业情况，所以立式酒吧也是以调酒师为中心的酒吧。

2. 服务酒吧

服务酒吧多见于娱乐型酒吧、休闲型酒吧和餐饮酒吧。顾名思义，它是指宾客不直接在吧台上享用饮料，而通常是通过服务员提供饮料服务，调酒师在一般情况下不和客人接触。服务酒吧为餐厅就餐宾客服务，因而佐餐酒的销售量比其他类型酒吧要大得多。不同类型的服务酒吧供应的饮料略有差别，销售情况区别也较大。服务酒吧布局一般为直线封闭型，区别于立式酒吧，调酒师必须与服务员合作，按开出的酒单配酒及提供各种酒类饮料，由服务员收款，所以它是以服务员为中心的酒吧。

（1）鸡尾酒廊（图 6-1）：属服务酒吧，通常位于饭店门厅附近，或是门厅延伸部位，或是利用门厅周围的空间，一般没有墙壁将其与门厅隔断。鸡尾酒廊一般比立式酒吧宽敞，常有钢琴手、竖琴手或小乐队为宾客表演，有的还有小舞池，供宾客随兴起舞。

（2）宴会、冷餐会、酒会等提供饮料服务的酒吧：客人多采用站立式，不提供座位，其服务方式既可统一付款，也可由客人为自己所喝的饮料单独付款。该类酒吧的业务特点是营业时间较短，宾客集中，营业量大，服务速度要求相对较快，基本要求是酒吧服务员每小时能服务 100 人左右的宾客，因而服务员必须头脑清醒，工作条理性强，具有应付大批宾客的能力。

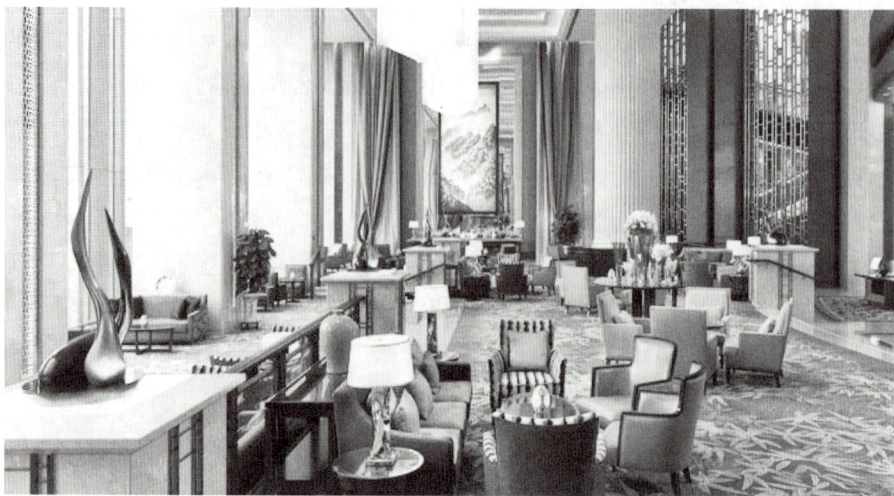

图 6-1 南昌香格里拉大酒店鸡尾酒廊

任务 2 酒吧设计要求

一、酒吧设计的原则

(一) 系统性与整体性

酒吧设计应首先考虑整体风格和氛围的协调统一。从装修、家具、灯光到音乐，每一个元素都应与整体风格相匹配，形成和谐统一的视觉效果。同时，设计应具有系统性，确保各个区域和功能空间的划分合理，流线顺畅，方便顾客活动和服务。

(二) 舒适性

为顾客提供舒适的环境是酒吧设计的核心目标。这包括确保空间布局合理，避免拥挤和压抑感；选择合适的家具和装饰，营造出温馨、放松的氛围；同时，还要关注空气质量、噪声控制等细节，确保顾客在酒吧内能够享受到舒适的体验。

(三) 安全性

在酒吧设计中，安全性是至关重要的。设计师需要考虑到防火、防滑、防触电等安全因素，确保酒吧内的设施设备符合安全规范。此外，还要合理规划紧急出口和疏散通道，确保在紧急情况下顾客能够迅速撤离。

（四）服务性

酒吧设计应充分考虑服务流程和顾客需求。例如，吧台的位置应便于服务员与顾客交流，同时方便快速制作和传递酒水；座位区应设置合理的呼叫服务系统，确保顾客能够及时得到帮助。此外，设计师还可以考虑设置一些便利设施，如储物柜、充电站等，提升顾客的满意度。

（五）吸引性

酒吧设计应具有足够的吸引力，能够吸引目标顾客群体并留住他们。这可以通过独特的装修风格、个性化的装饰元素、新颖的活动策划等方式实现。同时，酒吧还可以通过营造独特的文化氛围，如举办主题派对、艺术展览等，提升自身的吸引力和竞争力。

（六）经济性

在设计过程中，要充分考虑酒吧的定位和预算，合理选择材料和装饰元素，控制装修成本。同时，也要关注酒吧的长期运营成本，如能源消耗、设备维护等，确保设计在经济效益上具有可行性。

二、酒吧设计的要求

酒吧的设计需要对酒吧的空间布局、装修风格、酒水选择、音乐氛围和服务质量等因素进行合理配置。具体内容如下：

（一）空间布局

酒吧的空间布局需要考虑到顾客的行动路线和视线流动、功能区域划分以及空间利用率。通常，酒吧会划分为吧台区、座位区、舞池区、表演区等。吧台是酒吧的核心区域，应设置在显眼且便于服务的位置。座位区可根据顾客需求设置不同大小、不同风格的卡座和散座。舞池区应宽敞且通风良好，表演区则应具备足够的空间供乐队或歌手表演。

（二）装修风格

酒吧的装修风格应根据目标顾客群体和酒吧定位来确定。现代简约、工业风、复古风等都是常见的装修风格。装修材料的选择也至关重要，如墙面材料、地面材料、灯具等，都需要与整体风格相协调。同时，注意保持空间的通透性和舒适度，为顾客营造愉悦的休闲环境。

（三）酒水选择

酒吧的酒水选择应丰富多样，以满足不同顾客的口味需求。除了常见的啤酒、葡萄酒、洋酒外，还可以提供一些特色鸡尾酒、果汁等饮品。同时，酒吧可以根据季节或节日推出限定款酒水，增加顾客的期待感。在酒水陈列方面，应注重美观性和便利性，方便顾客挑选。

（四）音乐氛围

音乐是酒吧氛围的重要组成部分。酒吧应根据定位和顾客喜好选择合适的音乐类型和风格。同时，酒吧可以定期举办音乐活动，如现场乐队表演、DJ打碟等，增强酒吧的吸引力和活力。音乐的播放应控制好音量和节奏，避免对顾客造成干扰。

（五）服务质量

服务质量是酒吧竞争力的关键。酒吧应提供专业、热情、周到的服务，包括快速有效的点单、准确的酒水配送、及时清理桌面等。同时，酒吧员工应具备良好的沟通能力和应变能力，能够妥善处理各种突发情况。为了提升服务质量，酒吧应定期对员工进行培训和考核。

（六）安全设施

安全设施是酒吧设计中不可忽视的一环。酒吧应配备完善的消防设施、安全出口和监控系统，确保在紧急情况下能够迅速疏散顾客并保障人员安全。此外，酒吧还应加强治安管理，防止打架斗殴等事件的发生。

（七）照明设计

照明设计对酒吧的氛围营造至关重要。酒吧的照明可分为基础照明、氛围照明和重点照明。基础照明用于确保空间的基本亮度；氛围照明则通过柔和的灯光营造舒适的休闲环境；重点照明则用于突出吧台、表演区等关键区域。同时，灯光与音乐的配合也是营造酒吧氛围的重要手段。

任务3 酒吧成本管理

一、酒水成本构成

酒水成本构成是一个复杂的问题，涉及多个方面。以下是对酒水成本构成的分析：

1. 原材料成本

酒水的原材料主要包括粮食、水和添加剂等。其中，粮食是最主要的原材料，包括高粱、小麦、玉米等。这些粮食的采购成本因地区、季节、品质等因素而异。此外，酒水生产还需要大量的水，水资源的成本也会影响酒水生产成本。

2. 人工成本

酒水生产需要大量的人工，包括生产工人、技术研发人员、管理人员等。这些人员的薪资、福利和培训等成本构成了酒水生产的人工成本。

3. 能源成本

酒水生产需要消耗大量的能源，如煤、油、电等。这些能源的采购成本也是酒水生产成本的重要组成部分。

4. 设备折旧成本

酒水生产需要大量的设备和设施，如酿酒设备、灌装设备、储存设施等。这些设备和设施的折旧和维护成本也是酒水生产成本的重要组成部分。

5. 税费成本

酒水生产企业需要缴纳各种税费，包括增值税、消费税、城建税等。这些税费的缴纳和缴纳比例也影响着酒水生产成本。

6. 包装成本

酒水的包装也是酒水生产成本的重要组成部分。包装材料包括瓶、盖、标签、纸盒等，这些材料的采购和加工成本都需要计入酒水生产成本。

7. 销售成本

酒水销售过程中产生的成本也是酒水生产成本的一部分。这包括销售人员的人工成本、销售渠道的费用、广告宣传的费用等。

酒水成本的构成非常复杂，涉及多个方面。在制定酒水价格时，企业需要综合考虑这些因素，制定合理的价格策略。同时，企业也可以通过优化生产流程、提高生产效率等方式降低生产成本，提高盈利能力。此外，企业还可以通过加强质量管理、提高产品品质等方式提高产品附加值，从而获得更大的利润空间。

二、酒水成本核算

（一）成本核算的定义

广义的成本包括原材料、工资费用、其他费用（包括水、电、煤气，购买餐具、厨具费用，餐具破损费用，清洁、洗涤费用，办公用品费，银行利息，租入财产租金，电话费，差旅费等），即成本＝直接材料＋直接人工＋其他费用。狭义的成本仅指酒店各营业部门为正常营业所需而购进的各种原材料费用。

通常酒店的成本核算仅指狭义的成本核算。酒店成本一般包括直成本、出库成本、毁损成本（盘点净损失）三个部分，即酒店成本＝直接成本＋出库成本＋盘点净损失。所有酒店物资在进入酒店时须经过收货部验收（参与收货的人员有收货员和使用部门主管），经收货部验收后，收货部根据物资申购部门和物资性质区别其是否入仓，入仓的下入仓单，不入仓的下直单，直接给使用部门使用。

（二）成本核算的意义

通过精确的酒水成本核算，企业能够准确地了解各个生产环节的成本，从而更好地进行成本控制。通过对高成本环节进行优化或寻找更经济的替代方案，企业可以降低成本，提高盈利水平。酒水成本核算对酒水企业的盈利有着至关重要的影响。以下是几个主要方面：

1. 定价策略

了解酒水的成本可以帮助企业制定更合理的定价策略。企业可以根据市场需求和产品定位，结合生产成本和预期利润，制定出既能吸引消费者又能保证盈利的价格。

2. 销售策略

通过分析酒水的成本结构，企业可以发现哪些产品或市场环节具有更高的盈利潜力。在此基础上，企业可以制定更有针对性的销售策略，以获取更多的利润。

3. 质量管理

了解酒水的成本可以帮助企业更好地进行质量管理。如果发现某个生产环节的成本异常高，可能意味着该环节存在质量问题或效率低下，需要进一步调查和改进。通过提高产品质量和生产效率，企业可以降低成本，提高盈利水平。

4. 决策支持

酒水成本核算为企业的决策提供有力支持。通过对历史成本数据的分析，企业可以预测未来的市场需求和成本走势，从而更好地制订经营计划和战略决策。

总之，酒水成本核算可以帮助酒水企业更好地控制成本、制定科学合理的定价和销售策略、提高产品质量、提供决策支持，从而提升盈利水平并取得竞争优势。

三、酒水成本控制

酒水成本控制是以广义的成本为控制对象的。成本控制的目的是节约支出，杜绝浪费和不必要的开支。其具体可分为进货成本控制、营业成本控制、后勤成本控制三个部分。

（一）进货成本控制

进货成本控制在于对进货数量和进货单价的控制，着重于对进货单价的控制。

各部门根据实际情况将本部门所需物品以采购申请单的形式，列明名称、申购数量、规格等，交由采购部询价，采购部询价后，填写好市场调查价格上呈企业总经理（或有关负责人）审批，经总经理审批后方可购买。

对各出品部门每天必须使用的物资（如蔬菜、水果、肉类、饮料等），可先由采购部、成本部、出品部员工进行市场调查，后由出品部、成本部、采购部会同供货商制定报价表，经上级领导审批签字后生效，出品部根据实际所需下采购申请单给采购部，由采购部交货（表6-1为饮品领料单）。

具体应做好以下几点：建立完善的采购申请审批制度，杜绝不合理、不必要的盲目采购；设立由采购部、成本部、出品部三个部门主管组成的定价小组，定期对酒店出品部所需物资进行市场调查，定期会同供货商制定报价表，尽量把价格压到最低；采购部尽可能地开发供应商，做到货比三家，保证物品质量，降低采购价格。

表 6-1　饮品领料单

饮品领料单					
部门：_____		日期：_____		类别：_____	
现存	申请		项目	代号	发货数量
	数量	单位			
合计：					

（二）营业成本控制

营业成本控制是指包括厨房、酒等营业部门的成本控制。

具体应做到：对酒水、厨房的贵价食品等采用会计学上的永续盘存制进行核算（即期末账存＝期初结存＋本期进货－本期销售，盘点净损益＝实存－账存），若有盘亏，责令有关实物负责人赔偿；不定期对酒水进行抽查，严厉查处浪费原材料、"打猫"现象，坚决杜绝浪费、偷窃。

（三）后勤成本控制

后勤成本控制是指对各部门办公用品、物料用品、水、电、煤气等使用情况的控制。

具体应做到：不定期对营业场所的水、电等使用情况进行检查，减少浪费；对各种办公用品、物料用品的领用施行严格的审批制度，不该领的不批，严禁浪费；监督各部门使用各种办公用品、物料用品时应做到物尽其用，以旧换新；坚决杜绝"公为私用"现象，禁止员工将酒店物资带出酒店，禁止员工用酒店电话拨打私人电话。

四、原料采购控制

原料采购是酒水与酒吧管理非常重要的环节之一，从源头上做好成本把控，这样才能在接下来的每一个流程里扩大利润空间（表 6-2 为采购明细单）。想管理好原料采购流程，可以从下面几点来开展。

（一）需求分析

1. 确定酒水需求

根据销售预测、库存情况、市场趋势等因素，确定需求酒水的品种、数量和规格。

2. 分析需求特点

针对不同需求的酒水，分析其品质、价格、供应能力等方面的要求。

（二）供应商选择

1. 寻找供应商

通过市场调研、行业展会、网络平台等方式，寻找符合需求的酒水供应商。

2. 供应商筛选

根据供应商的资质、信誉、产品质量、价格等因素，筛选出符合企业要求的供应商。

3. 建立合作关系

与选定的供应商建立合作关系，签署合作协议，明确双方的权利和义务。

（三）询价与比价

1. 向供应商询价

向选定的供应商发出询价单，获取酒水的报价和供应条件。

2. 比价分析

对各供应商的报价、质量、交货期等进行比较分析，评估各供应商的优劣。

3. 确定采购价格

根据比价分析结果，确定最终的采购价格。

表 6-2　采购明细单

采购明细单	
饮料名称：	
用途：	
一般概述：	
详细内容：	
产地：	类型：
等级：	包装形式：
规格：	容量：
品种：	商标名称：
特殊要求：	

（四）下单订购

1. 下单

根据采购计划和确定的采购价格，向选定的供应商下达订购单（表6-3）。

2. 确认订单

与供应商确认采购订单的内容，确保订购单的准确性。

3. 跟踪订单

及时跟踪订购单的执行情况，确保订购单按计划执行。

表 6-3 订购单

订购单				
订购单位（名称、地址）：			付款条件：	
供货单位（名称、地址）：				
订货日期：				
送货日期：				
数量	容量	项目	单价	小计
订货人：				

（五）验收入库

1. 验收准备

准备好验收所需要的工具和设备，确定验收标准和程序。

2. 验收

对到货的酒水进行数量、外观、品质等方面的验收，确保符合采购要求。

3. 入库

对合格的酒水，办理入库手续；对不合格的酒水，进行处理或退货。

（六）结算付款

1. 核对发票

核对供应商提供的发票是否与实际采购情况相符。

2. 结算货款

根据发票和付款条件，进行货款的结算。

3. 付款方式

选择合适的付款方式（如电汇、支票等），确保资金安全和交易便捷。

五、贮存控制

酒水的贮存是确保酒水质量的重要环节。正确的贮存方法可以确保酒水的品质和口感，而错误的贮存方法则可能导致酒水变质或损坏。因此，对酒水供应商、零售商和消费者而言，了解如何正确贮存酒水至关重要。

（一）酒水贮存的重要性

酒水在贮存过程中会受到多种因素的影响，如温度、湿度、光照、振动和异味等。这些因素可能导致酒水发生氧化、还原、挥发、渗漏和温度波动等不良变化，从而影响其品质和口感。因此，正确的贮存方法对保持酒水的品质和价值至关重要。

（二）酒水贮存的环境要求

（1）温度：酒水贮存的温度应保持稳定，避免温度过高或过低。一般来说，红葡萄酒的适宜贮存温度为10℃～15℃，白葡萄酒为8℃～12℃，起泡酒和香槟为5℃～9℃。同时，应避免温度的急剧变化，以免影响酒水的品质。

（2）湿度：酒水贮存的湿度应适中，以保持瓶塞湿润且不腐烂。一般来说，适宜的湿度为60%～70%。如果湿度过低，瓶塞容易干裂，导致空气进入瓶中；如果湿度过高，则容易使瓶塞发霉。

（3）光照：酒水应避免直接受阳光照射，以免影响其品质和口感。因此，酒窖或酒柜应选择避光的地方，并使用暗色的窗帘或遮光布等材料进行遮蔽。

（4）振动：酒水应避免频繁震动，以免影响其品质和口感。因此，在搬运或贮存酒水时，应轻拿轻放，避免剧烈震动。

（5）异味：酒水应避免与异味物品接触，以免影响其品质和口感。因此，酒窖或酒柜应保持清洁、干燥、通风良好，并避免放置有刺激性气味的物品。

（三）酒水贮存的容器要求

1. 容器材质

（1）陶瓷：陶瓷瓮缸是贮存酒水的理想选择。其表面的微气孔能够增强酒的呼吸作用，同时陶瓷的密实性和不透光性能够保护酒液免受外界光线和氧气的影响，使酒不易变质。此外，陶瓷的精美外观也增强了酒品的观赏性。

（2）玻璃：玻璃瓶是常见的贮存白酒的容器，其优点在于透明度高，能够直观地观察酒液的状态，同时成本相对较低。然而，玻璃瓶对温度变化较为敏感，需要注意避免温度的剧烈波动。

（3）不锈钢：不锈钢罐适用于贮存酒水，特别是304和316这种耐酸碱的类型。但酒中所含的有机酸可能对金属有腐蚀作用，会使酒中的金属离子含量增加。因此使用不锈钢容器时需要注意这一问题。

（4）塑料：塑料容器可以作为临时贮存酒水的选择，但由于其透气性和密封性相对较差，不适合长期贮存。此外，塑料中的某些化学成分可能与酒液发生反应，影响酒的品质。

2. 容器容量

酒水的贮存容器容量应根据实际需求进行选择。不同的国家和地区对瓶装酒的容量有不同的规定，如法国规定了七个标准容量，而日本则对清酒和威士忌的容量有特定的要求。容量选择应考虑酒水的类型、贮存时间以及消费者的饮用习惯等因素。

3. 容器密封性

良好的密封性是酒水贮存容器的关键要求。无论是陶瓷、玻璃、不锈钢容器还是塑料容器，都应具备良好的密封性能，以防止外界空气和杂质进入容器，从而影响酒水的品质和口感。同时，密封性好的容器还能有效防止酒水的挥发和渗漏。

选择适合酒水贮存的容器需要综合考虑材质、容量和密封性等多个方面。在实际操作中，应根据酒水的类型、贮存时间以及消费者的需求来选择合适的容器，以确保酒水的品质和口感得到良好的保持。

（四）酒水贮存的摆放方式

酒水贮存的摆放方式对于确保酒水的品质和口感至关重要。以下是几种常见的酒水贮存的摆放方式及其特点：

1. 平放

对于瓶装酒水，尤其是葡萄酒，平放是一种常见的摆放方式。这是因为平放可以确保酒液与瓶塞保持接触，防止瓶塞干燥、开裂或收缩，从而导致空气进入瓶中。葡萄酒瓶通常设计瓶底凹陷，平放时可使瓶身保持稳定。这种摆放方式有助于保持葡萄酒的品质和口感。

2. 竖放

某些类型的酒水，特别是白酒，适合竖放。竖放可以确保酒液不会长期与瓶口接触，从而避免可能的腐蚀或污染。同时，竖放还有助于减少酒精的挥发。对于白酒瓶，通常有一个合适的支架或架子来支撑瓶身，确保瓶子稳定且不会倾倒。

3. 倾斜摆放

在某些情况下，酒水也可以采用倾斜摆放的方式。这种摆放方式可以平衡酒液与瓶塞的接触，同时减少酒液与瓶口的长期接触。这种摆放方式适用于一些特定类型的酒水，需要根据酒水的特性和贮存需求来确定最佳的倾斜角度。

无论采用何种摆放方式，都需要注意以下几点：

（1）确保酒水贮存环境阴凉、干燥、通风，避免阳光直射和高温。

（2）避免将酒水暴露在强烈的气味环境中，以防止异味进入酒液。

（3）定期检查酒水贮存状态，如有漏液、瓶身破损等情况，需及时处理。

例如一瓶优质的葡萄酒，平放将是一个很好的选择。而一瓶高度数的白酒，竖放可能更为合适。重要的是，无论选择哪种方式，都应确保酒水贮存在适宜的环境中，以保持其最佳品质。

六、生产与销售控制

在酒吧中,做好酒水的生产与销售控制是一项关键任务,它涉及多个方面,包括原料采购、酒水生产、库存管理以及销售策略等。以下是一些建议,可用于优化酒吧中酒水的生产与销售控制:

(一)原料采购与品质控制

1. 选择优质供应商

与信誉良好、质量可靠的供应商建立长期合作关系,确保原料的稳定供应和优良品质。

2. 严格检验原料

对采购的原料进行严格的质量检验,确保其符合生产要求。对不合格的原料,及时与供应商沟通并处理。

(二)酒水生产管理

1. 制定生产标准

根据酒吧的经营特点和顾客需求,制定酒水生产的标准和流程,确保酒水的品质和口感。

2. 培训生产人员

对生产人员进行专业培训,提高他们的技能和素质,确保他们能够按照标准生产优质的酒水。

3. 定期进行质量检查

对生产的酒水定期进行质量检查,确保其符合标准。对不符合标准的酒水,及时找出原因并进行改进。

(三)库存管理

1. 合理规划库存

根据酒吧的销售情况和预测,合理规划酒水的库存量,避免过多或过少的库存。

2. 定期盘点库存

定期对库存进行盘点,确保账实相符。对即将过期的酒水及时进行处理。

(四)销售策略与控制

1. 制订销售计划

根据酒吧的经营目标和市场需求,制订酒水销售计划,明确销售目标和策略。

2. 多元化销售方式意见

采用多种销售方式,如整瓶销售、混合销售等,以满足不同顾客的需求。

3. 严格控制成本

在销售过程中,严格控制成本,避免浪费和损失。通过合理的定价策略,确保酒吧的利润最大化。

（五）顾客服务

1. 提供优质服务

为顾客提供优质的服务，包括快速响应、专业建议等，提升顾客的满意度和忠诚度。

2. 收集顾客反馈意见

积极收集顾客的反馈意见，对酒水和服务进行持续改进，提高酒吧的整体竞争力。

任务 4　酒单设计

酒单是酒吧为客人提供酒水产品和酒水价格的一览表。酒单在酒吧经营中起着极其重要的作用，它是酒吧一切业务活动的总纲，是所有酒吧经营计划的中心，也是酒吧经营计划的具体实施。

一、酒单的分类与式样

（一）酒单的分类

酒吧中的酒单，按照酒吧的经营特色，可以进行多种划分，以便更好地满足顾客的需求和体现酒吧的特色。以下是一些常见的酒单划分方式：

1. 主酒吧酒单

主酒吧通常提供丰富多样的酒水选择，因此其酒单上的酒品种类较为齐全。根据酒吧的规模和档次，酒单上可能包括各种葡萄酒、洋酒、鸡尾酒以及啤酒等。高档的主酒吧还可能提供珍稀酒品，以满足高端客户的需求。

2. 特色酒吧酒单

特色酒吧往往以某种特定的酒水或调酒风格为卖点。例如，威士忌酒吧的酒单可能专注于各种威士忌的品鉴和搭配；红酒吧则可能突出展示世界各地的优质葡萄酒；鸡尾酒吧则可能提供丰富多样的鸡尾酒选择，并注重创新和独特的调酒技巧。

3. 主题酒吧酒单

主题酒吧以某种特定文化、风格或历史时期为主题，其酒单也会相应地进行设计。例如，复古酒吧的酒单可能包含一些经典的老酒或具有复古风格的鸡尾酒；海滨酒吧则可能提供清爽的啤酒和果汁等适合海滨休闲的饮品。

4. 季节酒单

一些酒吧会根据季节变化调整酒单，推出适合当季饮用的酒水。例如，在夏季，酒吧可能会增加清爽的啤酒、果汁和冰镇鸡尾酒等；而在冬季，则可能推出热饮、热红酒等温暖身心的饮品。

5. 节日酒单

在特定的节日或活动期间，酒吧会推出与节日或活动氛围相契合的酒单。例如，圣诞节期间，酒吧可能会提供圣诞特酿、红酒以及圣诞主题的鸡尾酒等；情人节则可能推出浪漫风格的饮品。

此外，还有一些酒吧会根据顾客的喜好和需求，提供定制化的酒单服务。例如，针对喜欢品酒的顾客，酒吧可以提供专业的葡萄酒品鉴服务；针对喜欢尝试新口味的顾客，酒吧则可以定期更新酒单，推出新的鸡尾酒或特色饮品。

（二）酒单式样

一个好的酒单式样设计，要给人秀外慧中的感觉，酒单形式、颜色等都要和酒吧的水准、气氛相适应，所以，酒吧酒单的形式应不拘一格。酒吧酒单的形式可采用桌单、手单及悬挂式酒单。从样式上看，可采用长方形、圆形，或类似圆形的心形、椭圆形等酒单样式。

1. 桌单

（1）特点：桌单是以画面或照片的形式呈现的酒单设计，可以折成三角或立体形状，并立于桌面。这种酒单形式直观且引人注目，能够迅速吸引顾客的注意。

（2）适用场景：桌单适用于以娱乐为主、吧台较小或品种不多的酒吧。由于其固定于桌面，顾客一坐下即可自由阅览，无须额外寻找或等待服务员的帮助。

（3）设计建议：在设计桌单时，可以充分利用图片和色彩来展示酒水的特色和魅力。同时，要确保桌单的稳定性和耐用性，以应对酒吧中的繁忙场景。

2. 手单

（1）特点：手单是最常见的酒单形式，通常印制成精美的纸张，并在顾客入座后由服务员递送。手单的内容丰富，可以详细介绍各种酒水的品种、价格、口感等信息。

（2）适用场景：手单适用于经营品种多、吧台较大的酒吧。顾客可以根据自己的喜好和需求，在名单上查找并选择心仪的酒水。

（3）设计建议：在设计手单时，要注重信息的清晰和易读性。同时，可以运用美观的字体、色彩和排版，使手单更具吸引力和专业性。

3. 悬挂式酒单

（1）特点：悬挂式酒单通常吊挂在门庭处或酒吧的显眼位置，配以醒目的彩色线条、花边等装饰元素。这种形式不仅具有美化环境的效果，还能起到广告宣传的作用，吸引顾客的注意力。

（2）适用场景：悬挂式酒单适用于酒吧的入口、吧台后方或墙面等位置。通过悬挂式酒单，顾客可以在进入酒吧的第一时间就了解酒吧的酒水种类和特色。

（3）设计建议：在设计悬挂式酒单时，要注重视觉效果和吸引力。可以使用大胆的色彩和创意的排版，让酒单在酒吧中脱颖而出。同时，要确保酒单的清晰度和可读性，方便顾客浏览和选择。

二、酒单的作用

（一）信息传递与展示

酒吧中的酒单在信息传递与展示方面扮演着至关重要的角色。它不仅是酒吧与顾客之间沟通的桥梁，还是顾客了解酒吧酒水品种、价格、特色以及酒吧文化和氛围的重要途径。

（1）酒单通过清晰、详细的文字描述和图片展示，向顾客传递酒吧提供的各种酒水信息。这些信息包括酒水的名称、类型、产地、口感描述、价格等，使顾客能够迅速了解并选择适合自己的酒水。例如，酒单上可能会列出各种葡萄酒、啤酒、鸡尾酒等，每种酒水都有相应的图片和详细的文字描述，帮助顾客直观地了解酒水的外观和口感。

（2）酒单通过巧妙的设计和排版，展示酒吧的特色和创意。酒吧可以根据自身的定位和风格，设计独特的酒单样式和色彩搭配，以此吸引顾客的注意力。同时，酒单上还可以加入酒吧的简介、文化理念、特色活动等元素，让顾客在浏览酒单的同时，也能感受到酒吧的品牌魅力和文化氛围。

一家以复古风格为主题的酒吧，其酒单可能采用复古色调和字体，配以具有年代感的图片和图案。酒单上不仅列出了各种经典酒水，还通过文字描述和图片展示，向顾客传递酒吧的复古氛围和文化底蕴。这样的酒单设计不仅具有视觉吸引力，还能让顾客在点酒的同时，体验酒吧独特的文化氛围。

（3）酒单还可以通过定期更新和调整，向顾客展示酒吧的新品和促销活动。酒吧可以根据季节、节日或市场需求，推出新的酒水品种或特色饮品，并在酒单上进行突出展示。这样不仅可以吸引顾客的眼球，还能增加与提升酒吧的销售额和知名度。

总之，酒吧中的酒单在信息传递与展示方面发挥着不可替代的作用。通过精心设计和更新酒单，酒吧可以向顾客传递丰富的酒水信息和文化内涵，提升顾客的消费体验和满意度。

（二）引导消费与推荐

一份设计精良的酒单不仅提供了丰富的酒水选择，还通过巧妙地布局、描述和推荐，引导顾客做出更符合酒吧特色和自身喜好的消费决策。

（1）酒单通过分类和布局来引导消费。通常，酒单会根据酒水的类型、品牌或特色进行分类，如葡萄酒、啤酒、鸡尾酒等。这种分类方式有助于顾客快速找到他们感兴趣的酒水类型，并在相应的分类下浏览具体的酒水品种。此外，酒单还会根据酒吧的推荐或热门酒水进行布局，将某些酒水置于更显眼的位置，以吸引顾客的注意力并引导他们尝试。

（2）酒单上的文字描述和图片也是引导消费的重要元素。对每款酒水，酒单都会提供详细的文字描述，包括口感、风味、酒精度等信息。这些描述有助于顾客了解酒水的特点和适合的消费场景，从而做出更明智的选择。同时，酒单上的图片也能直观地展示酒水的外观和色泽，进一步激发顾客的购买欲望。

（3）酒单还可以通过特别推荐或促销活动来引导消费。酒吧可以在酒单上标注出某些酒水为"店长推荐""新品上市""限时优惠"等，以吸引顾客的注意并促使他们尝试。这些特别推荐或促销活动不仅能增加酒吧的销售额，还能提高顾客对酒吧的好感度和忠诚度。

假设一家酒吧推出了一款独特的鸡尾酒，为了在酒单上突出这款新品并引导顾客消费，酒吧可以采取以下策略：首先，在酒单的显眼位置设置新品专区，将这款鸡尾酒置于专区之首；其次，使用精美的图片和生动的文字描述来展示鸡尾酒的外观和口感特点；最后，标注出这款鸡尾酒为"店长推荐""新品上市"等，并配以限时优惠活动。通过这些措施，酒吧可以有效地引导顾客尝试这款新品鸡尾酒，从而提高其知名度和销量。

（三）品牌宣传与文化展示

酒单不仅是酒吧展示其特色与风格的重要工具，还是传递酒吧文化理念和品牌形象的有效途径。

（1）酒单是酒吧进行品牌宣传的重要载体。一家酒吧的酒单设计往往与其品牌形象、定位以及市场策略紧密相连。通过酒单的设计元素，如色彩、字体、图案等，酒吧可以展现出其独特的品牌风格和个性。例如，一家以高端奢华为主要特色的酒吧，其酒单可能采用金色或黑色等高贵色调，配以精致的图案和字体，以彰显其尊贵与不凡。

（2）酒单也是酒吧进行文化展示的重要窗口。酒吧文化通常包括其历史渊源、经营理念、服务宗旨以及独特的氛围和风格等。通过在酒单上介绍酒水的产地、历史背景、酿造工艺等，酒吧可以向顾客传递深厚的文化底蕴和独特的风味特点。同时，酒单上也可以加入酒吧的简介、特色活动、服务内容等信息，让顾客在享受美酒的同时，也能感受到酒吧的文化氛围和独特魅力。

一家以爵士乐为主题的酒吧，其酒单设计可能融入爵士乐元素，如音符、乐器等图案，以及充满音乐气息的色调和字体。酒单上除了列出各种酒水外，还可以介绍与爵士乐相关的文化知识，如爵士乐的历史、代表人物、经典曲目等。

（3）酒吧还可以在酒单上标注出特定的爵士乐演出时间和地点，邀请顾客前来欣赏。通过这样的设计，酒吧不仅成功地传递了其爵士乐主题的品牌形象，还展示了其独特的文化氛围和艺术品位。

总之，酒吧中的酒单在品牌宣传与文化展示方面发挥着重要作用。通过巧妙设计丰富的内容，酒单可以传递酒吧的品牌理念和文化特色，吸引更多顾客的关注和喜爱。

同时，酒单也是酒吧与顾客沟通的重要桥梁，有助于提升顾客对酒吧的认知度和忠诚度。

（四）价格定位与成本控制

酒单上的价格信息不仅直接影响顾客的消费决策，还反映了酒吧的经营策略和成本控制能力。

（1）酒单是酒吧进行价格定位的重要工具。价格定位是指酒吧根据目标顾客群体、市场竞争状况以及自身成本等因素，制定出的酒水价格策略。酒单上的价格信息能够准确反映酒吧的定位和特色，既要吸引顾客，又要确保酒吧的利润。例如，一家高端酒吧可能会将酒单上的价格设置得相对较高，以体现其高端、奢华的品牌形象；而一家面向大众消费者的酒吧则会更加注重性价比，将价格控制在合理范围内，以吸引更多顾客。

（2）酒单在成本控制方面也发挥着重要作用。成本控制是酒吧经营过程中的关键环节，它直接关系到酒吧的盈利能力和市场竞争力。酒单上的价格信息需要与酒吧的采购成本、运营成本以及期望利润相匹配。通过对酒单上的酒水价格进行合理设置，酒吧可以控制成本，避免浪费，提高盈利能力。例如，酒吧可以根据酒水的采购成本和市场需求，灵活调整酒单上的酒水价格，对于成本较高但销量不佳的酒水，可以适当提高价格或进行促销，以平衡成本和收益。

以一家中等规模的酒吧为例，其酒单上可能包含多种类型的酒水，如葡萄酒、啤酒、鸡尾酒等。为了控制成本，酒吧可能会采用以下策略：首先，根据酒水的采购成本和市场定位，对不同类型的酒水进行价格分类，确保价格与成本相匹配；其次，对销量较高的酒水，可以适当降低价格以吸引更多顾客，而对销量较低或成本较高的酒水，则可以适当提高价格以平衡收益；最后，酒吧还可以通过定期更新酒单，引入新的酒水品种或调整价格，以适应市场变化和顾客需求。

（五）服务质量的体现

酒吧中酒单的服务质量体现在多方面，它不仅是酒吧专业服务的展示窗口，还是提升顾客满意度和忠诚度的重要手段。

（1）酒单的专业性和完整性能够体现酒吧的服务质量。一份设计精良、信息完整的酒单，应该包括酒水的名称、类型、价格、产地、口感描述等详细信息。这样的酒单不仅方便顾客选择，还能展示酒吧对酒水的专业了解和精心挑选。例如，某酒吧的酒单上详细列出了每款葡萄酒的产地、年份、葡萄品种和口感特点，让顾客能够更准确地找到符合自己口味的酒水。

（2）酒单的更新与调整也是服务质量的重要体现。酒吧应根据季节、市场需求和顾客反馈，及时更新和调整酒单，引入新品或淘汰不受欢迎的酒水。这种灵活性不仅满足了顾客的多样化需求，还展示了酒吧对服务质量的持续关注和提升。例如，随着夏季的到来，酒吧及时在酒单上新增清爽的啤酒和果味鸡尾酒，以迎合顾客在炎热天气下的口味需求。

（3）酒单上的推荐与介绍服务也是提升服务质量的关键环节。酒吧服务员可以根据顾客的喜好和场合，推荐合适的酒水，并详细介绍酒水的特点和搭配建议。这种个性化的服务能够让顾客感受到酒吧的专业和用心，从而提升他们的满意度和忠诚度。例如，一位顾客在庆祝生日时来到酒吧，服务员主动推荐了一款特制的生日鸡尾酒，并详细介绍了其独特的口感和寓意，让顾客感受到了特别的惊喜和关怀。

（4）酒单的规范性和准确性也是服务质量的重要体现。酒吧应确保酒单上的价格、描述等信息准确无误，避免出现误导或错误。同时，酒吧还应定期对酒单进行审查和更新，确保其与实际情况相符。这种规范性和准确性能够让顾客对酒吧产生信任感，从而更愿意选择其提供的服务。

（六）法律合规与责任明确

这主要体现在保护消费者权益、遵守行业规范以及预防潜在的法律纠纷等方面。

（1）酒单的法律合规主要体现为遵循相关法律法规，如《中华人民共和国食品安全法》《中华人民共和国消费者权益保护法》等。酒吧需要在酒单上明确标示酒水的名称、价格、成分、酒精度等关键信息，确保消费者能够清楚了解所消费的产品。此外，酒单上不能出现虚假宣传、误导消费者的内容，如夸大酒水的功效或隐瞒重要信息等。通过遵守这些规定，酒吧能够保护消费者的知情权、选择权和公平交易权，同时也避免了因违反法律而可能面临的处罚。

（2）酒单的责任明确有助于预防潜在的法律纠纷。在酒吧经营过程中，可能会出现消费者因酒水质量问题或过敏反应而引发的纠纷。如果酒单上详细列出了酒水的成分、产地等信息，并在消费者点单时进行了必要的提示和询问，那么一旦出现问题，酒吧就可以酒单为证据，证明其已经尽到了告知和提醒的义务，从而减轻或避免承担法律责任。

假设一家酒吧在酒单上明确标示了一款特色鸡尾酒的成分，包括某种可能引起过敏的水果。当消费者点单时，服务员也主动询问了消费者是否有相关过敏史。然而，消费者并未告知其过敏情况，结果在饮用后出现过敏反应。在这种情况下，酒吧可以酒单和服务员的询问记录为证据，证明其已经尽到了告知和提醒的义务，从而在一定程度上减轻其法律责任。

（3）酒吧的法律合规与责任明确也有助于提升酒吧的行业形象和信誉。遵守法律法规、尊重消费者权益的酒吧更容易获得消费者的信任和认可，从而在激烈的市场竞争中脱颖而出。

三、酒单的策划

酒单是沟通顾客和酒吧经营者的桥梁，是酒吧无声的推销员，是酒吧管理的重要工具。酒单在酒吧经营和管理中起着非常重要的作用。一份合格的酒单应反映酒吧的经营特色，衬托酒吧的气氛，给酒吧带来经济效益。同时，酒单作为一种艺术品，能给客人留下美好的印象。因此，酒单的策划绝不仅仅是把一些酒品简单地罗列在几张纸上，而是调酒师、酒吧管理人员、艺术家们经过集思广益、群策群力，才将客人喜爱的又能反映酒吧经营特色的酒水产品印制在酒单上。酒单策划一般通过以下几个方面来完成。

（一）确定酒吧经营策略和目标顾客群体

首先，要明确酒吧的定位和经营策略，例如是针对高端消费者还是针对大众市场。其次，要深入了解目标顾客的需求、饮酒习惯以及对酒水价格的接受程度。通过市场调研和数据分析，可以更加精准地把握目标顾客的特点，为后续酒单策划提供有力支持。

（二）精选酒水品种和品牌

根据目标顾客的需求和酒吧的定位，选择合适的酒水品种和品牌。这需要与供应商进行深入洽谈，了解酒水的品质、口感和特色。同时，还可以组织参观酿酒厂、品鉴会等活动，以确保酒单的独特性和吸引力。

（三）设计酒单布局和分类

酒单的布局和分类要清晰明了，便于顾客查阅和选择。常见的分类方式包括红酒、白酒、啤酒、洋酒、鸡尾酒等。在每个分类下，可以按照酒水的特点、口感或价格进行进一步细分。此外，对大多数顾客不太熟悉的酒水，可以附上简要的说明和介绍，帮助顾客做出更好的选择。

（四）注重酒单的美观性和艺术性

酒单不仅是酒吧服务的工具，也是展示酒吧文化和品牌形象的重要载体。因此，在酒单策划过程中，要注重美观性和艺术性的结合。可以选择优质的纸张和印刷工艺，以及精美的排版和设计。同时，可以融入酒吧的主题、文化元素或艺术风格，使酒单更具独特性和吸引力。

（五）定期更新和调整酒单

酒吧的经营环境和顾客需求是不断变化的，因此酒单也需要定期更新和调整。可以根据季节、节日或市场趋势等因素，引入新的酒水品种或调整价格。同时，要关注顾客反馈和销售数据，及时去除不受欢迎的酒水品种，优化酒单结构。

（六）确保法律合规与责任明确

在酒单策划过程中，要严格遵守相关法律法规和行业规范，确保酒单内容的真实性、合法性和准确性。同时，要明确酒吧在酒水销售过程中的责任和义务，保护消费者的合法权益。

四、酒单策划的内容

酒单策划的内容包括酒水品种、酒水名称、酒水价格、销售单位（瓶、杯、盎司）、酒品介绍等。

（一）酒水品种

酒单中的各种酒水应按照它们的特点进行分类，然后再以类别排列各种酒品，比如分为烈性酒、葡萄酒、利口酒、鸡尾酒、饮料等类别。一些酒吧按照人们用餐时饮用酒水的习惯，将酒水按开胃酒、餐酒、烈性酒、鸡尾酒、利口酒和软饮料等进行分类，然后在每一类酒水中再列出适当数量有特色的酒水。每个类别的酒水列出的品种不要太多，数量太多会影响客人的选择，也会使酒单失去特色。酒单中的酒水最多分为20类，每类4～10个品种，并尽量使它们数量平衡。越是星级较高饭店的酒吧，其酒单分类越详细，例如，将威士忌酒分为4类，普通威士忌酒、优质威士忌酒、波旁威士忌酒和加拿大威士忌酒；将白兰地酒分为两大类，普通科涅克和高级科涅克等；将鸡尾酒分为两大类，短饮类鸡尾酒和长饮类鸡尾酒；将无酒精饮品分为茶、咖啡、果汁、汽水及混合饮料五大类等，再加上其他酒水产品共计约有20种酒水类别。这种详细分类方法的优点是便于客人选择酒水，使每一类酒水的品种数量减少到3～4个，客人可以一目了然。同时，各种酒水的品种数量要平衡，让酒单显得规范、整齐并容易阅读。此外，选择酒水时，应注意它们的味道、特点、产地、级别、年限及价格的互补性，使酒单上的每一款酒水产品都具有自己的特色。

（二）酒水名称

酒水名称是酒单的中心内容，酒水名称直接影响客人对酒水的选择。因此，酒水名称首先要真实（尤其是鸡尾酒的名称要真实），这样才是名副其实的酒水产品。酒水产品必须与酒品名称相符，夸张的酒水名称、不符合质量的酒水产品必然导致经营失败。鸡尾酒的质量一定要符合其名称的投料标准。酒单上的英文名称及翻译后的中文名称都是酒单的重要部分，要确保准确，否则，客人对酒单会失去信任。

（三）酒水价格

酒单上应该明确地注明酒水的价格。如果在酒吧服务中加收服务费，则必须在酒单上加以注明；若有价格变动应立即更改酒单，否则，酒单将失去推销工具的功能。

（四）销售单位

所谓销售单位是指酒单上在价格右侧注明的计量单位，如瓶、杯、盎司等。销售单位是酒单上不可缺少的内容之一。对于传统的酒单，客人和酒吧工作人员一般都知道，凡是在价格后不注明销售单位的酒水都是以杯为销售单位的。目前，许多优秀的企业已经对一些酒水产品的销售单位进行更详细的注明。如对白兰地酒、威士忌酒等烈性酒注明销售单位为1盎司，对葡萄酒的销售单位注明为杯（Cup）（一般是2盎司）、1/4瓶（Quarter）、半瓶（Half）、整瓶（Bottle）等。

（五）酒品介绍

酒品介绍是酒单对某些酒水产品的解释或介绍，尤其是对鸡尾酒的介绍。酒品介绍以精练的语言帮助客人认识酒水产品的主要原料、特色及用途，使客人可以在短时间内完成对酒水产品的选择，从而提高服务效率。为了避免客人因对某些酒水产品不熟悉而不敢问津、怕闹出笑话的消费心理，可以在酒水产品名称后面加一些文字说明。

（六）葡萄酒名称代码

在葡萄酒单上的葡萄酒名称的左边常有数字，这些数字是酒吧管理人员为方便客人选择葡萄酒而设计的代码。由于葡萄酒来自许多国家，其名称很难识别，可以代码代替酒水，方便了客人和服务员，增加了葡萄酒的销售量。

五、酒单设计

酒单设计是酒吧管理人员、调酒师及艺术家们对酒单的形状、颜色、字体等内容进行设计的过程。酒单有吸引力、美观并体现酒吧或餐厅的形象，不但会便于客人选择酒水，而且会提高酒水的销售量。一份设计优秀的酒单必须注意酒品的排列顺序、酒单的尺寸、酒单的色彩、字体的选择、酒单的外观及照片的应用等。

（一）酒单的色彩

色彩对于酒单有着多种作用。使用不同的色彩可使酒单更动人、更有趣味。制作彩色酒品照片，会使酒吧经营的酒品更具吸引力。利用色彩设计酒单，方法比较简便。可以用一种色彩加黑色，也可以用多种色彩。还有一种方法就是利用色纸。色彩用以设计，究竟以几色为宜，这要视成本和经营者所希望产生的效果如何而定。颜色种类越多，印制的成本就越高。色纸上套上一色，成本最低。色彩会使酒单产生经营所需的某种效果。如果酒单的折页、类别标题、酒品实例照用上了许多鲜艳色，便体现了娱乐型酒吧的特点；采用柔和清淡的色彩，如浅黄色、象牙色、灰色或蓝色加黑色和金色，酒单就会显得典雅，这是一些高档酒吧的典型用色。酒单设计中如使用两色，最简便的方法是将类别标题印成彩色，如红色、蓝色、棕色、绿色或金色，具体菜肴名称用黑色印刷。

各种彩色纸几乎是应有尽有，其中包括金色、银色、铜色等色彩。如果酒单上文字多，为增加酒单的易读性，色纸的底色不宜太深。为酒单增添色彩，还有一个简单且实惠的办法，就是采用宽色带，无论是纵向粘贴在封面上还是横向包在封面上，都能增加酒单的色彩。

但要注意，运用色彩于酒单上一般是将少量文字印成彩色。因为将大量文字印成彩色，读起来既不容易又伤眼睛。

（二）酒单的用纸

酒单的印刷从耐久性和美观性方面考虑，应使用重磅的涂膜纸。这种纸通常就是经过特殊处理的封面纸或板纸。由于涂膜，它耐水耐污，使用时间也较长。

选择恰当的酒单用纸，其复杂程度并不亚于选择恰当的碟盘。这里涉及纸张的物理性能和美学问题，如纸张的强度、折叠后形状的稳定性、透光度、油墨吸收性、光洁度和白度等。此外，纸张还存在着质地差异，有表面粗糙的，也有表面十分光洁细滑的。由于酒单总是拿在手里，所以纸张的质地或"手感"也是个重要的问题。

纸色有纯白、柔和素淡、浓艳重彩之分。通过采用不同色纸，可给酒单增添不同的色彩。此外，纸可以用不同方法折叠成不同的形状，除了可切割成最常见的正方形或长方形外，还可以制作成各种特殊的形状。

（三）酒单的尺寸

酒单的尺寸是酒单设计的重要内容之一，酒单的尺寸太大，客人拿着不方便；尺寸太小，又会造成文字太小或文字过密，妨碍客人的阅读而影响酒水的推销。通过实践，比较理想的酒单尺寸约为 20 厘米×12 厘米。

（四）酒品的排列

许多酒单酒品的排列方法都是根据客人眼光集中点的推销效应，将重点推销的酒水排列在酒单的第一页或最后一页以提升客人的注意力。但是，许多餐厅酒吧经营者认为，按照人们的用餐习惯顺序排列酒水产品更有推销力度。

（五）酒单的字体

酒单的字体应方便客人阅读，并给客人留下深刻印象。酒单上各类品种一般用中英文对照，以阿拉伯数字排列编号和标明价格。字体要印刷端正，使客人在酒吧的光线下容易看清。各类品种的标题字体应与其他字体有所区别，一般为大写英文字母，而且采用较深色字体或彩色字体，既美观又突出。所用外文都要根据标准词典的拼写法统一规范，慎用草体字。

（六）酒单的页数

酒单一般为 4～8 页。许多酒单只有 4 页内容，外部则以朴素而典雅的封皮装饰。一些酒单只是一张结实的纸张，被折成三折，共为 6 页，其中外部 3 页是对鸡尾酒的介绍并带有彩色图片，内部 3 页是各种酒品的目录和价格。有些酒单共 8 页，在这 8 页中，印制各种酒品目录。

（七）酒单的更换

酒单的品名、数量、价格等需要更换时，严禁随意涂去原来的项目或价格换成新的项目或价格。如随意涂改，一方面会破坏酒单的整体美，另一方面会对客人造成错觉，认为酒吧在经营管理上不稳定、太随意，从而影响酒吧的信誉。所以，如需更换项目或价格，宁可更换整体酒单或重新制作，对某类可能会更换的项目采用活页。

（八）酒单的广告和推销效果

酒单不仅是酒吧与客人进行沟通的工具，还应具有宣传广告效果。满意的顾客不仅是酒吧的服务对象，也是义务推销员。有的酒吧在其酒单扉页上除印制精美的色彩及图案外，还配以词语优美的小诗或特殊的祝福语，给人以文化享受，同时加深了酒吧的经营立意，拉近了与客人的距离。同时，酒单上也应印有本酒吧的简况、地址、电话号码、服务内容、营业时间、业务联系人等，以促进客人对本酒吧的了解，起到广告宣传作用，并方便信息传递，广泛招徕更多的客人。

六、酒单定价

酒单的定价是酒单设计的重要环节。酒单上每种经营项目的价格是否适当往往影响酒吧的销售状况，影响酒吧的竞争力和竞争地位。因此，在定价时要遵照价格反映产品的价值、适应市场供求规律、综合考虑酒吧内外因素及灵活机动的原则，合理地定价。

（一）酒单定价观念

1. 酒单定价的整体观念

价格不是一个独立的因素，而是酒单计划的一部分，与酒吧营销的其他因素互相影响，相辅相成。一方面，酒吧既定的营销目标、促销手段都要求相应的价格与之相协调；另一方面，酒吧的上述决策、方案又以一定的价格水平作为条件。价格方案的变化及其实施，对整个营销方案产生深刻的影响，引起其组合的变动。因此，酒单定价必须从整体出发，既要适应企业外部环境因素，特别是消费者需求和市场竞争因素的要求，又要服从酒吧制定的经营目标。也就是说，酒吧定价决策，必须纵观全局，在整体营销观念的指导下进行。

2. 酒单定价的策略观念

酒吧在定价时，首先必须明确目标市场，即选定为哪一类顾客服务。确定具体的服务对象，才能根据其实际情况和要求制定价格策略。其次是产品定位即提供何种饮品及该饮品在同类酒吧市场中所处的地位。当明确了酒吧及市场位置后，可以采用相应的定价策略。酒吧常用的定价策略有：市场套利价格策略、市场渗透价格策略及短期优惠价格策略。

（1）市场套利价格策略。当酒吧开发新产品时，会将价格定得很高，以谋取暴利。当别的酒吧也推出同样产品而顾客开始拒绝高价时再降价。市场套利价格策略往往在经历一段时间后逐步降价。这项策略运用于酒吧开发的新产品，产品独特性大，竞争者难以模仿，产品的目标顾客一般对价格敏感度小。采取这种策略能在短期内获取尽可能多的利润，尽快收回投资资本。但是，由于这种价格策略能使酒吧获取暴利，因而会很快吸引竞争者，引起激烈的竞争，从而导致价格下降。

（2）市场渗透价格策略。在市场有同类饮品的情况下可将产品价格定得很低，目的是使产品迅速地被消费者接受，使酒吧能迅速打开和扩大市场，尽早在市场上取得领先地位。由于获利低，酒吧能有效地防止竞争者挤入市场，使自己能长期占领市场。市场渗透价格策略用于产品竞争性大、容易模仿且目标顾客需求的价格弹性较大的新产品。

（3）短期优惠价格策略。许多酒吧在新开业期内或开发新产品时，会暂时降低价格使酒吧或新产品迅速进入市场，为顾客所了解。短期优惠价格策略与市场渗透价格策略不同，在产品的引进阶段完成后就可提高价格。

3. 酒单定价的目标观念

酒单定价必须选择一定的目标为出发点。

（1）以取得满意的投资报酬率为目标，即主要考虑酒吧的投资回报及期望利润来制定价格。

（2）以保持或提高市场占有率为目标，即以价格手段来调节酒吧产品在市场中的销售量。一般来说，价格较低容易吸引更多的顾客，提升酒吧的市场占有率。

（3）以应付或避免竞争为目标，价格是竞争的重要手段之一。在酒吧业迅速发展的今天，酒单定价必须考虑竞争因素。

（4）以追求最佳利润为目标，立足酒吧的长期最大利润来定价。实现这一目标，不能只顾眼前利益、盲目地以高价追求短期最高利润，而应根据不同的市场情况和营销组合因素，灵活定价，使其总体上长远发展并达到利润最大化。

（二）影响酒单定价的因素

在市场经济的条件下，为使酒吧在竞争中立于不败之地，在制定价格时，要仔细地研究影响定价的多方面因素。在众多的因素中，成本和费用为最根本的因素。酒吧确定产品的价格时，首先要确保酒吧能够保本并且能获得一定的利润，同时还要考虑顾客的需求状况、产品的竞争状况以及对产品价格有影响的其他因素。

1. 成本和费用因素

成本和费用是确定价格的重要因素。制定酒单价格的管理人员要掌握饮料成本和费用的特点，密切注视影响成本费用变动的因素，采取相应的价格措施降低成本和费用，使酒单价格具有竞争力。

（1）酒水成本和费用的构成。饮料原料成本是酒吧产品价格的主要组成部分之一，主要指酒水的购进价，占价格的比重很大。一般而言，档次越高的酒吧，原材料成本率越低，通常是售价的30%。低档次的酒吧原料成本占售价比例较高，有的是60%～70%。饮料中零杯酒和混合饮料成本率要低于整瓶酒。掌握酒吧产品中原材料的成本以及各类产品的成本应占售价的比重，是酒吧产品定价的基础。

营业费用。在进行酒单产品定价时需要考虑的第二项重大开支就是营业费用。营业费用是酒吧经营所需要的一切费用，它包括人工费、折旧费、水电燃料费、维修费、经营用品费等。

（2）饮料成本和费用的特点。特点之一是变动成本较高，固定成本较低。变动成本是总额随着产品销售数量的增加而按正比例增加的成本。饮料的原料成本以及费用中的燃料、经营用品（如餐巾纸、火柴等）、水电、人工费用等，有一部分随销售数量变动而变动，固定成本是不随产品销售数量的变动而变动的。在饮料产品中，折旧费、大修费、大部分人工费等随销售数量的变动而保持不变。低档酒吧变动成本比例高，而高档酒吧固定成本比例略高些。掌握饮品中哪些是变动成本、哪些是固定成本及各自所占比例，对于价格优惠政策的确定具有十分重要的意义。如果饮料及其他变动成本占价格的70％，那么价格折扣率最大不能超过30％，否则，每多销售一份饮料都会减少一家酒吧的利润。

特点之二是可控制成本高，不可控制成本低。除了企业不能完全控制市场进价之外，饮料成本还取决于对采购、加工、调制和销售各个环节的控制。在营业费用中，除了折旧和大修费用之外，其他各项费用均可以通过严格的管理来控制并设法减少。在定价时，要掌握哪些成本费用是可以控制的，并通过控制对其进行影响，它有利于价格水平的确定。

（3）影响成本费用变动的市场因素。在成本和费用中，很多因素是管理人员无法控制的，如原料成本和营业费用中大部分会受物价指数和通货膨胀率变动的影响。当物价上涨，各种饮料的原料价格、水电费、燃料费、经营用品、职工的工资都会相应提高；同时，人们口味变化也会导致饮料原料价格的变动。近年来，人们开始喜欢天然的果汁和矿泉水，致使其价格上升；而人们对高度酒的冷淡也造成了高度数酒价格的下降。管理人员要注意这些影响因素，摸清市场行情，并制定相应的价格策略，以灵活的价格来适应这些变化，使企业不受损失。

2. 顾客因素

仅考虑成本和费用因素的价格属于卖方价格，这种价格不一定能被顾客接受，酒吧产品的定价还要考虑顾客因素。

（1）顾客对产品价值的评估。酒吧产品的成本和费用高并不说明顾客认为它的价格就高。酒吧产品的价格也取决于顾客对产品价值的评估。管理人员对顾客认为价值高的产品，价格可以定得高一些；反之，价格应定得低一些。一般来说，顾客对酒吧产品的价值是根据以下几点评估的：

① 饮品的质量。饮品的质量是指饮品的色、香、味、形等。一杯精心调制和装饰的饮品，给客人在色、香、味、形上感觉好，或者是名品酒，顾客认为其价值高，就愿意多花钱。

② 服务质量。对需要较复杂服务的饮品，如彩虹鸡尾酒，顾客认为其价值高，愿意付高一点的价钱。

③ 环境和气氛。酒吧设施高档，气氛高雅，酒吧饮品被认为价值高。

④ 酒吧地理位置。酒吧位于优越的地点，其产品被认为价值高。

（2）考虑顾客对饮品的支付能力。不同类别的顾客对饮品的支付能力不同，要研究酒吧不同目标顾客群体对饮品的支付能力。例如，收入高、经济条件好的顾客，支付能力强；学生及经济条件差的人支付能力就差。管理人员应制定相应的价格策略来适应顾客的支付能力。

（3）研究顾客光顾酒吧的目的。顾客光顾酒吧的目的不同，愿意支付的饮品价格也不同。顾客光顾酒吧的目的主要有：同朋友叙旧，娱乐消遣，发泄放松，慕名光顾，感受环境，品尝饮品等。

管理人员研究顾客光顾酒吧不同目的的价格心理，采取不同的产品和价格对策去迎合顾客的需要，这样的产品和价格策略就会成功。

（4）其他因素。还有许多其他因素影响顾客对价格的承受程度。例如：顾客光顾酒吧频率、结账方式、酒吧竞争对手、同种饮品价格等。

总之，管理人员要研究各种顾客因素对价格的影响，以采取相应的价格对策。

3. 竞争因素

酒吧业的市场竞争非常激烈，而价格往往是影响竞争能力的重要因素。认真研究酒吧的竞争状况和相对的竞争地位，采取相应的价格政策，才能使酒吧在竞争中生存下去并战胜竞争对手。

（1）研究酒单产品的竞争形势。管理人员要分析本酒吧酒单产品所处的竞争形势，竞争程度越激烈，价格的需求弹性越大。只要价格稍有变动，需求量就变化很大。酒单产品若处于竞争十分激烈的形势下，酒吧通常只能接受市场的价格。

（2）分析酒单产品所处的竞争地位。酒单产品的竞争来自两个方面：

① 同一地区同类酒吧产品间的竞争。酒吧经营项目越相似，档次越接近，竞争就越激烈。在这种情况下，只依照成本费用定价是不适宜的，应把竞争状况考虑进去，既可以采用略低一点的价格的竞争原则争取顾客，也可以在保持原来价格不变的基础上提高服务质量，提高声誉，吸引顾客。

② 同一地区内不同类酒吧的竞争。顾客一般会受新的娱乐方式的吸引，追求新的享受和乐趣。这就有必要对价格做全面的调整，稳住原来的老顾客，争取新顾客。

（3）分析竞争对手对本酒吧价格策略的反映。在制定价格策略、调整价格之前要分析竞争对手对本酒吧酒单价格的反映，如果酒吧为增加销售数量而想降低饮品价格的话，先要研究和注意竞争对手采取什么对应措施，分析他们是否也会降价而引起价格战。如果原料进价上涨，酒吧拟对酒单价格做调整，也要分析竞争对手会采取什么措施。如果他们保持原价格不变，对本酒吧销售会有什么影响？因此，酒单产品的竞争状况是影响价格制定的重要因素。

（三）酒单定价方法

1. 以成本为基础的定价方法

以成本为基础的定价方法是酒吧在进行酒单定价时常用的方法，在具体使用中又可分为以下四种方法。

（1）原料成本系数定价法。原料成本系数定价法，首先要算出每份饮品的原料成本，然后根据成本率计算售价。

$$售价＝原料成本额/成本率$$

成本系数是成本率的倒数。国内外很多餐饮企业运用成本系数法定价。因为乘法比除法容易运算。如果经营者计划自己的成本率是40%，那么定价系数即为1∶0.4，即2.5。

原料成本系数定价法是

$$售价＝原料成本额×成本系数$$

以该法定价需要两个关键数据：一是原料成本额，二是饮品成本率。通过成本率便可以算出成本系数。原料成本额数据通过饮品实际调制过程中使用情况汇总得出，它在标准酒谱上以每份饮料的标准成本列出。

例：已知一杯啤酒的成本为4元，计划成本率为40%，即定价系数为2.5，则其售价应为

$$4×2.5＝10（元）$$

另外，确定鸡尾酒售价时，首先根据配方算出每种成分的标准成本，加总之后除以成本率。

为方便计算，酒吧常常对每杯或按盎司出售的同类酒水定以相同的价格。具体的方法是（以软饮料为例）将雪碧、可乐等软饮料的购进价汇总，除以成本率，再除以软饮料的种类即可得到售价。

（2）毛利率法。

$$销售价格＝成本/（1－毛利率）$$

毛利率是根据经验或经营要求确定的，故亦称计划毛利率。

例：一盎司的威士忌成本为6元，如计划毛利率为80%，则其销售价格为

$$6/（1－80%）＝30（元）$$

这种方法一般只考虑饮品的原料成本，不考虑其他成本因素。

（3）全部成本定价法。

$$销售价格＝（每份饮品的原料成本＋每份饮品的人工费＋$$
$$每份饮品其他经营费用）/（1－要达到的利润率）$$

每份饮品的原料成本可直接根据饮用量计算；人工费用（服务人员费用）可由人工总费用除以饮品份数得出，也可由此方法计算出每份的经营费用。

例：某鸡尾酒原料成本为5元，每份人工费为0.8元，其他经营费用均为1.2元，

计划经营利润为 30％，营业税率为 5％，则

$$鸡尾酒售价＝（5＋0.8＋1.2）／（1－30％－5％）≈10.77（元）$$

（4）量、本、利综合分析定价法。量、本、利综合分析定价法是根据饮品的成本、销售情况和盈利要求综合定价。其方法是将酒单上所有的饮品根据销售量及其成本分类，每一饮品总能被列为下面四类中的一类：①高销售量，高成本；②高销售量，低成本；③低销售量，高成本；④低销售量，低成本。虽然第②类饮品是最容易使酒吧得益的，但实际上，酒吧出售的饮品四类都有。这样，在考虑毛利的时候，把第④类的毛利定适中一些，而把第③类加较高的毛利，第②类加较低的毛利，然后根据毛利率法计算酒单上的酒品价格。

这一方法综合考虑了客人的需求（表现为销售量）和酒吧成本、利润之间的关系，并根据成本越大，毛利率应该越大；销售量越大，毛利率可越小这一规则定价。

酒单价格还取决于市场均衡价格，你的价格高于市场价格，你就把客人推给了别人；但若大大低于市场价格，酒吧盈利就会减少，甚至会亏损。因此，在定价时，应经过调查分析或估计，综合以上各因素，把酒单上的酒品分类，加上适当的毛利。有的取较低的毛利率，如 20％；有的取较高的毛利率，如 80％；还有的取适中的毛利率。这种高、低毛利率也不是固定不变的，在经营中可随机适当调整。

2. 以竞争为中心的定价方法

价格是酒吧增强竞争能力、提高市场销售率的有效手段，以竞争为中心的定价方法就是密切注视和追随竞争对手的价格，以达到提高酒吧市场占有率和销售量的目的。

（1）随行就市法。这是一种最简单的定价方法，即把同行的酒单价格为己所用。使用这种方法要注意以成功的酒单为依据，避免把别人不成功的定价方法搬为己用。这种定价方法有很多优点，如定价简单，容易被一部分顾客接受；方法稳妥风险小；易于与同行协调关系等。

（2）竞争定价法。这是以竞争对手的售价为依据制定的定价方法。

① 最高价格法。最高价格法是在同行业的竞争对手当中，同类产品总是高出竞争对手的价格。该定价法要求酒吧具有一定的实力，即尽可能地提供良好的酒吧环境氛围，提供一流的服务和一流的饮品，以质量取胜。

② 同质低价法。对同样质量的同类饮品和服务定出低于竞争者的价格。该方法一方面用低价争取竞争对手的客源，扩大和占领市场；另一方面加强成本控制，尽可能降低成本，提高经营效率，实行薄利多销，既最大限度地满足消费者的需要，又使企业有利可图。

3. 考虑需求特征的定价方法

在一般情况下，市场对酒吧产品的需求量同价格高低成反比，即价格高则需求量小，价格低则需求量大。然而，酒吧类型与产品的不同使其具有的需求特征也不相同。

下面是不同需求特征的几种定价方法。

（1）声誉定价法。这种定价方法以注重社会地位、身份的目标客人的需求特征为基础。这类顾客要求酒吧的环境好、档次高、服务质量好、饮料品牌好。酒单的价格是反映饮品质量和个人地位的一种标志。针对这类服务，酒单价格应定得高一些。这种定价方法常被用于高档酒吧。

（2）抑制需求定价法。酒吧中某些大众饮品成本低，需求大。如果对它的定价会影响到其他饮品的消费，那么，对这类饮品一般采用抑制需求的方法，即把价格定得非常高。如单上一壶茶有定价200元左右的。

（3）诱饵定价法。对于一些对其他饮品能起连带需求作用的饮品和小吃，可采用低价位定价法来吸引顾客光顾，起到诱饵作用。

（4）需求-反向定价法。许多酒吧在对饮品进行定价时，首先调查顾客愿意接受的价格。以顾客愿意支付的价格作为出发点，然后反过来调节饮品的配料数量和品种，调节成本，使酒吧获利。

任务5　酒吧经营与营销

一、酒水营销管理

酒水的销售应当以顾客的需要为出发点，尽可能满足顾客的需要，使经营者获得最大的利润。

（一）市场调查

酒吧中的酒水营销是提升业务核心竞争力的关键环节，涉及多个方面的策略和实施。而市场调查则是制定酒水营销策略的基础，通过深入了解目标市场、消费者需求以及竞争对手情况，可以为酒吧制定更有针对性的营销策略提供有力支持。

在进行酒水营销市场调查时，首先要明确调查目的和研究的问题，确定所需的数据和信息。比如，可以关注消费者对酒吧酒水品种、价格、口感、服务等方面的需求和满意度，以及竞争对手的酒水营销策略和市场份额等信息。

接下来，需要确定调查样本，即调查对象的特征、数量和位置。样本的选择应具有代表性和广泛性，能够真实反映目标市场的情况。可以通过随机抽样、分层抽样等方式来确定样本。

设计调查问卷是市场调查的核心环节。问卷应根据研究的问题和目标，制定适当的问题和答案选项，确保问卷简洁明了、易于理解和回答。问题可以包括消费者对酒吧的整体印象、对酒水的偏好和购买意愿、对酒吧服务的评价等方面。

在数据采集阶段，可以采用多种方式，如面对面访问、电话调查、在线调查等。

面对面访问可以获得较为详细和深入的信息，但成本较高；电话调查可以快速收集数据，但可能受到被调查者认真程度的影响；在线调查则具有便捷性和广泛性的优势。

数据处理和分析是市场调查的关键环节。通过对采集到的数据进行整理、分类、统计和模型分析等，可以获得有关消费者需求、市场趋势和竞争对手情况等方面的有意义的结论和结果。这些数据和分析结果将为酒吧制定酒水营销策略提供重要参考。

最后，编写调查报告是市场调查的收尾工作。报告应涵盖调查目的、研究的问题、样本选择、数据采集和分析方法、结果和结论等内容。通过报告，酒吧管理层可以全面了解市场情况，以制订和调整酒水营销策略。

（二）制订销售计划和策略

在酒吧的运营中，销售计划和策略的制订是一个复杂且关键的过程，这通常需要调酒员与酒吧经理紧密合作，结合各自的专业知识和经验，共同制订出符合酒吧经营目标和市场需求的计划和策略。

第一，明确销售目标和市场定位。这包括确定酒吧的主要消费群体，了解他们的需求和喜好，以及分析竞争对手的优势和劣势。通过这些信息，可以明确酒吧在市场中的定位，并设定具体的销售目标。

第二，制定产品策略。这涉及酒单的策划和酒水的选择。调酒员应发挥其专业优势，根据市场需求和酒吧定位，设计出具有吸引力的酒单。同时，要确保酒水的品质和口感符合顾客的期待，以提升酒吧的口碑和形象。

第三，在价格策略方面，要综合考虑成本、竞争状况和顾客心理等因素。价格应既能覆盖成本，又能保持竞争力，同时还要考虑到顾客对价格的接受程度。通过合理定价，可以实现销售目标和利润最大化。

第四，促销策略的制定也是关键一环。这包括线上线下的推广活动，如社交媒体宣传、会员制度、主题活动、优惠折扣等。这些活动可以吸引更多的潜在顾客，提高酒吧的知名度和影响力。

第五，渠道策略也不可忽视。除了传统的门店销售，还可以考虑与周边商家合作，开展联合促销活动，扩大酒吧的客源。同时，利用线上平台进行预订、外卖等服务，也能给酒吧带来更多的销售机会。

第六，在确定销售策略时，还需要考虑人力资源的配置。调酒员和服务员的服务态度与技能水平直接影响顾客的满意度和酒吧的口碑。因此，要定期对员工进行培训和激励，提升他们的服务质量和专业素养。

第七，制订实施计划和时间表。这包括确定各项策略和活动的执行人员、时间节点和预期效果等。通过制订详细的实施计划，可以确保销售计划顺利推进，及时调整和优化策略。

（三）酒水销售的渠道

销售渠道，就是为了加速产品到达最终购买者手里的流通过程所采取的一切行动。

1. 直接销售

酒吧内直接面对顾客的销售是最主要的渠道。顾客进入酒吧后，会直接点单购买酒水。这种方式的成功关键在于酒吧的氛围、服务质量和酒水的品质。调酒师的技艺和服务态度，以及酒吧的装修风格和音乐选择，都会影响顾客的购买决策。

2. 外卖平台

随着外卖服务的普及，许多酒吧也开始在各大外卖平台上开设店铺，提供酒水外卖服务。这种方式能够拓宽酒吧的销售渠道，吸引更多因距离或时间问题无法到店的顾客。

3. 线上商城

酒吧可以建立自己的线上商城，销售酒水以及相关的周边商品。通过优化网站设计和用户体验，提高网站的搜索排名，吸引更多的线上流量。同时，也可以利用社交媒体等渠道进行推广，提高品牌知名度。

4. 会员制度

建立会员制度，通过会员优惠、积分兑换等方式，鼓励顾客重复购买。同时，酒吧也可以定期向会员推送新品信息、活动通知等，保持与顾客的互动和联系。

5. 合作伙伴

与其他商家或组织建立合作关系，如为餐厅、KTV、酒店等，提供酒水服务。这种方式能够借助合作伙伴的客流优势，扩大酒吧的销售范围。

6. 活动推广

通过举办各种主题活动、节日庆典等方式，吸引顾客前来消费。活动期间可以提供特别的酒水套餐或优惠，增加销售额。

（四）酒水销售的技巧

酒吧的酒水营销涉及多个方面，包括营业时间、价格、品种、分量以及服务等，这些方面都是体现销售技巧的关键环节。

营业时间的安排需要充分考虑目标顾客的消费习惯和市场需求。例如，周末和节假日通常是酒吧生意的高峰期，因此可以延长营业时间，提供更多种类的酒水和服务，以满足顾客的需求。同时，针对特定的顾客群体，可以调整营业时间以适应他们的作息时间。

在价格方面，酒吧需要确定具有竞争力的价格策略。这包括根据酒水成本、市场需求和竞争对手的定价情况来合理定价。同时，酒吧还可以采用时段性优惠、会员折扣等价格促销手段，吸引更多的顾客前来消费。

品种的选择是酒吧酒水营销的重要一环。酒吧需要根据市场需求和顾客口味，提供丰富多样的酒水品种。同时，还可以根据季节变化或节日活动推出特色酒水，增加顾客的购买兴趣。

在分量方面，酒吧需要确保提供足够的酒水供顾客选择，同时避免浪费。这可以通过合理的库存管理、酒水调配和点单提示等方式实现。此外,酒吧还可以提供不同规格的酒水容量选择,以满足不同顾客的需求。

服务是酒吧酒水营销中不可或缺的一环。优质的服务可以提升顾客的满意度和忠诚度,进而促进酒水的销售。酒吧需要注重员工的培训和管理,确保他们具备良好的服务态度和专业技能。同时,酒吧还可以提供个性化的服务,如根据顾客的喜好推荐酒水、提供酒水搭配建议等,提升顾客的购买体验。

(五)酒水销售控制

酒水的销售控制是很多酒吧管理的薄弱环节。一方面,管理人员缺乏应有的专业知识;另一方面,酒水销售成本相对较低,利润较高,少量的流失或管理纰漏并没有引起管理者足够的重视。因此,加强酒水销售的管理,首先要求管理者更新观念,牢固树立成本控制的意识。其次,管理者要不断钻研业务,了解酒水销售过程和特点,有针对性地采取相应的措施,从而达到酒水销售管理和控制的目的。

酒吧经营中常见的酒水销售形式有三种,即零杯销售、整瓶销售和配制销售。这三种销售形式各有特点,管理和控制的方式也各不相同。

1. 零杯酒水的销售管理

零杯销售是酒吧经营中常见的一种销售形式,销售量较大,它主要用于一些烈性酒,如白兰地、威士忌等。葡萄酒偶尔也会有零杯销售。销售时机一般在餐前或餐后。尤其是餐后,客人用完餐,喝杯白兰地或餐后甜酒,一方面消磨时间,相聚闲聊;另一方面饮酒帮助消化。零杯销售的控制首先必须计算每瓶酒的销售份额,然后统计出每一段时期内的销售总数,采用还原控制法进行酒水成本的控制。由于各种酒吧采用的标准计量不同,各种酒的容量不同,在计算酒水销售份额时,必须计算酒水销售标准的计量。目前,酒吧常用的计量有每份 30 ml、45 ml 和 60 ml 三种。标准计量确定后,才可以计算出每瓶酒的销售份额。零杯销售关键在于日常控制。日常控制一般通过酒吧酒水盘存表(表6-4)来完成,每个班次的当班调酒员必须按表中的要求,对照酒水的实际盘存情况,认真填写。

表6-4　酒吧酒水盘存表

酒吧:＿＿＿＿＿＿　　　　　　　　　　　　　　　　日期:＿＿＿＿＿＿

编号	品名	早班						晚班						备注
		基数	领进	调进	调出	售出	实际盘存	基数	领进	调进	调出	售出	实际盘存	

　　酒水盘存表的填写方法：调酒员每天上班时按照表中品名逐项核对，填写存货基数，营业结束前统计当班销售情况，填写销售数，再检查有无内部调拨，若有则填上相应的数字。最后，用公式计算实际盘存数填入表中，并将此数与酒吧存货数进行核对，以确保账物相符。酒水领货一般为每天一次，此项可根据实际情况列入相应的班次，管理人员必须经常检查盘存表中的数量是否与实际储存量相符，如有出入应及时检查、纠正，堵塞漏洞，减少损失。

2. 整瓶酒水的销售管理

　　整瓶销售是指酒水以瓶为单位对外销售。这种销售形式在一些营业状况比较好的酒吧较为常见，而在普通档次的酒吧则较少见。一些酒吧为了鼓励客人消费，通常采用低于零杯销售10%～20%的价格对外销售整瓶的酒水，从而达到提高经济效益的目的。但是，由于差价的关系，这往往会诱使素质不高的调酒员和服务员相互勾结，把零杯销售的酒水收入以整瓶酒的售价入账，从而中饱私囊。为了防止此类作弊行为发生，整瓶销售可以通过整瓶酒水销售日报表（表6-5）来进行严格的控制，即将每天整瓶销售的酒水品种和数量填入日报表中，由经理签字保存。

表6-5　整瓶酒水销售日报表

酒吧：_____　　　　　　班次：_____　　　　　　日期：_____

编号	品种	规格	数量	售价		成本		备注

调酒员：_____　　　　　　　　　　　　　　　　　经理：_____

　　另外，在酒水销售过程中，国产名酒和葡萄酒的销售量较大，而且以整瓶销售居多。对这种酒水的销售也可以使用整瓶酒水销售日报表来进行控制，或者直接使用酒水盘存表进行控制。

3. 混合酒水的销售管理

　　混合销售又称配制销售或调制销售，主要指混合饮料和鸡尾酒的销售。鸡尾酒和混合饮料在酒水销售中占的比例较大，涉及的酒水品种较多，因此，销售控制的难度也较大。

　　混合酒水销售的控制比较复杂，有效的手段是建立标准配方。标准配方的内容一般包括酒名、各种调酒配料及用量、成本、载杯和装饰物等。建立标准配方的目的是使每一种混合饮料都有统一的质量，同时确定各种调配材料的标准用量，以加强成本核算。标准配方是成本控制的基础，不但可以有效地避免浪费，而且可以有效地指导调酒员进行酒水的调制操作。酒吧的管理人员则可以依据鸡尾酒的配方采用还原控制法实施对酒水的控制。其方法是根据鸡尾酒的配方计算出每种酒品在某段时期的使用数量，然后再按标准计量还原成整瓶数，计算方法是

$$酒水的消耗量＝配方中该酒水用量×实际销售量$$

以干马天尼酒为例，其配方是金酒 2 盎司，干味美思 0.5 盎司。假设某一时期共销售干马天尼酒 150 份，那么，根据本公式可计算出金酒的实际用量为

$$2 盎司×150 份＝300 盎司$$

每瓶金酒的标准份额为 25 盎司/瓶，那么就需要 12 瓶。

因此，混合销售完全可以将调制的酒水分解还原成各种酒水的整瓶用量来核算成本。

在日常管理中，为了准确计算每种酒水的销售数量，混合销售可以采用鸡尾酒销售日报表（表6-6）进行控制。每天将销售的鸡尾酒或混合饮料登记在报表中，并将使用的各类酒品数量按照还原法记录在酒吧酒水盘点表上，管理者将两张表格中酒品的用量相核对，并与实际储存数进行比较，核查是否有差错。

表6-6 鸡尾酒销售日报表

酒吧：_____ 　　　　班次：_____ 　　　　日期：_____

品种	数量	单价	金额	备注

调酒员：_____ 　　　　　　　　　　　　经理：_____

总之，只要管理者认真对待，做好员工的思想工作，建立完善的操作规程和标准，酒水的销售控制是可以做好的。

二、酒吧操作管理

（一）酒吧操作标准化

酒吧操作标准化是指在酒吧运营过程中，通过制定和执行一系列标准操作规程、管理流程和质量控制措施，以确保酒吧的服务质量、饮品品质、工作效率和顾客满意度达到一定的水平。

具体来说，酒吧操作标准化涵盖了从饮品制作、服务流程、设备维护到库存管理等多个方面。通过制定标准饮料单，明确每款饮品的配方、用量和制作方法，确保饮品口感的一致性和品质的稳定性。同时，通过规范服务流程，如微笑问好、了解客人需求、提供合适的服务等，提升顾客体验。此外，设备维护和库存管理也是操作标准

化的重要环节，确保酒吧设施的正常运行和饮品的充足供应。

酒吧操作标准化的实施有助于提高工作效率，减小员工操作的随意性和误差，提升酒吧的整体运营水平。同时，标准化管理还能帮助酒吧进行成本控制和质量管理，确保盈利的稳定性和顾客满意度的提升。

1. 标准饮料单

标准饮料单是酒吧运营中至关重要的一个组成部分，它详细列出了酒吧提供的所有饮品，是员工制作饮品、顾客点单以及酒吧管理的重要依据。其一般包括以下几个方面。

（1）饮品名称：每种饮品都有一个清晰、明确的名称，方便顾客识别和点单。

（2）成分列表：详细列出每种饮品的所有成分，包括酒类、果汁、糖浆、添加剂等。这有助于员工准确制作饮品，并确保顾客了解他们所消费的饮品内容。

（3）制作方法：对于某些需要特殊制作技巧或步骤的饮品，标准饮料单会提供详细的制作方法或提示，以确保饮品的口感和品质。

（4）价格：列出每种饮品的售价，方便顾客了解和比较不同饮品的价格。

（5）图片或描述：有些酒吧的饮料单还会附上饮品的图片或详细描述，以吸引顾客的注意并提升点单率。

标准饮料单不仅为顾客提供了清晰的点单指南，还帮助员工快速、准确地制作饮品，提高了工作效率。同时，它也是酒吧进行成本控制和库存管理的重要依据。因此，制定一份全面、准确、易于理解的标准饮料单对酒吧的成功运营至关重要。

2. 标准价格

标准价格是指对酒吧内所有饮品设定的统一售价，这一价格体系旨在确保酒吧盈利的稳定性，同时避免员工私自更改价格或提供折扣，导致酒吧收入受损。

标准价格的制定通常基于对多个因素的综合考虑，包括饮品的成本、市场需求、竞争状况以及酒吧的定位和目标顾客群体等。通过精确计算每款饮品的成本，并加上合理的利润加成，可以确定每款饮品的标准售价。同时，酒吧还需要密切关注市场动态和竞争情况，根据市场需求和顾客反馈进行调整，以保持价格的竞争力和吸引力。

标准价格的实施有助于酒吧建立清晰的价格体系，使顾客能够明确了解每款饮品的售价，避免产生价格上的疑虑或不满。同时，标准价格也有助于员工快速进行点单和结算，提高工作效率。

假设一家酒吧的招牌饮品是一款特色鸡尾酒，其成本包括高质量的酒类、新鲜果汁和其他配料。酒吧根据成本计算，加上期望的利润加成，设定了这款鸡尾酒的标准售价为68元。员工在销售这款饮品时，必须按照标准价格进行结算，不得私自更改价格或提供折扣。顾客在点单时也能清晰地看到这款饮品的售价，从而做出购买决策。

通过实施标准价格，酒吧能够确保盈利的稳定性，同时提升顾客满意度和员工工作效率。当然，标准价格并非一成不变，酒吧需要根据市场变化和顾客需求进行灵活调整，以保持价格体系的合理性和竞争力。

3. 标准配方及用量

标准配方及用量是确保饮品口感一致性和品质稳定性的关键因素。通过制定每款饮品的精确配方和用量标准，酒吧能够确保员工在制作饮品时遵循统一的操作规范，从而给顾客提供高品质的饮品体验。

标准配方通常包括饮品的所有成分及其具体比例。这些成分可能包括各种酒类、果汁、糖浆、调味品等。针对每款饮品，标准配方会明确规定每种成分的种类、品牌和用量，以确保饮品的口感和风味符合预期。

用量标准可确保饮品制作过程中各种成分的比例准确无误。通过精确计量每种成分的用量，酒吧能够避免因员工操作不当或随意更改用量而导致的饮品品质下降。

以经典鸡尾酒"马天尼"为例，其标准配方可能包括伏特加或杜松子酒与甜味苦艾酒的比例。具体来说，按照3：1的比例将伏特加或杜松子酒与甜味苦艾酒混合在一起，摇匀后倒入马天尼杯中。这样的配方确保了马天尼的独特口感和风味得以充分展现。

另外，对于含有多种水果或果汁的饮品，如"夏日酷爽"，标准配方会详细列出每种水果或果汁的种类和用量，以及所需的糖浆和苏打水的量。员工在制作这类饮品时，需要严格按照配方中的比例和用量进行操作，以确保饮品的口感和品质稳定。

通过实施标准配方及用量，酒吧能够确保每款饮品的口感和品质都达到最佳状态，提供给顾客一致的、高品质的饮品体验。同时，这也有助于提升员工的工作效率，减少因操作不当而导致的浪费和失误。

需要注意的是，标准配方及用量并非一成不变。酒吧可以根据市场趋势、顾客反馈以及新产品的研发等因素，对标准配方进行适时的调整和更新。这有助于保持酒吧饮品的创新性和竞争力，满足不断变化的顾客需求。

4. 标准牌号

标准牌号是一个至关重要的环节。它涉及酒吧所使用的各种酒水、原料、配料等的品牌和规格，确保饮品制作的一致性和品质的稳定性。

标准牌号的核心在于选择那些品质可靠、口感稳定、符合酒吧定位和目标顾客群体需求的酒水及原料品牌。通过严格筛选和测试，酒吧能够确定一套标准牌号列表，供员工在制作饮品时统一使用。

这一标准化做法有两个显著的优点。首先，它确保了饮品口感的一致性。使用相同品牌和规格的酒水及原料，意味着每次制作的饮品在口感和品质上都能保持高度一致，给顾客带来稳定的消费体验。其次，标准牌号有助于成本控制和库存管理。通过统一采购和使用标准牌号的产品，酒吧能够更有效地管理库存，减少浪费，并优化采购成本。

如一家酒吧的招牌饮品是一款特色啤酒鸡尾酒，其中关键原料包括某品牌的精酿啤酒和特定类型的橙汁。为了确保这款饮品的品质和口感稳定，酒吧会选择一家品质上乘、口感独特的精酿啤酒品牌，以及新鲜、口感浓郁的橙汁品牌，并将它们列为标准牌号。员工在制作这款饮品时，必须严格使用这些指定品牌的原料，以确保饮品的独特风味和品质。

另外，针对其他常见的饮品成分，如葡萄酒、威士忌、果汁等，酒吧同样会制定标准牌号列表。这些列表会明确列出每种酒水或原料的品牌、规格和供应商信息，供员工在制作饮品时参考和使用。

总之，标准牌号是酒吧标准化运营中不可或缺的一环。通过选择和使用统一品牌和规格的酒水及原料，酒吧能够确保饮品品质的一致性、稳定性和优质性，为顾客提供卓越的饮品体验。同时，这也有助于酒吧的成本控制和库存管理，提升整体运营效率。

5. 标准操作程序

标准操作程序是确保酒吧高效、有序运营的关键环节。它涉及从顾客接待、饮品制作到服务流程等多个方面的具体操作步骤和规范，旨在提升顾客满意度和员工工作效率。

首先，标准操作程序在顾客接待方面有着明确规定。当顾客到达酒吧时，服务员应主动热情地问候顾客，并引领他们到合适的座位就座。针对有特殊需求的顾客，服务员还需提供个性化的服务，如协助顾客存放物品、调整座位等。

其次，饮品制作是酒吧标准化操作程序的核心部分。酒吧应制定详细的标准饮料单，列出每款饮品的配方、用料和制作方法。员工在制作饮品时，必须严格按照标准饮料单上的要求进行操作，确保饮品的口感和品质一致。此外，酒吧还应定期对员工进行培训和考核，以确保他们熟练掌握饮品制作技能。

在服务流程方面，标准操作程序同样有着明确要求。服务员在为顾客点单时，应仔细倾听顾客需求，并根据顾客的口味和喜好推荐合适的饮品。在送酒服务过程中，服务员应注意轻拿轻放，避免打扰其他顾客。同时，服务员还应及时巡视服务区域，撤走空杯、空瓶等杂物，保持桌面整洁。

当一位顾客走进酒吧并点了一杯特色鸡尾酒时，服务员应首先热情问候并引领顾客就座。然后，服务员会根据标准饮料单上的配方和制作方法，精确调配出顾客所需的鸡尾酒。在制作过程中，服务员应注意使用正确的用料和比例，确保饮品的口感和品质符合标准。最后，服务员将制作好的鸡尾酒轻轻送到顾客面前，并礼貌地告知顾客饮品的名称和特色。

通过实施标准操作程序，酒吧能够确保服务的规范性和一致性，提升顾客满意度。同时，标准操作程序也有助于员工快速掌握工作技能，提高工作效率。因此，酒吧应重视标准操作程序的制定和执行，以确保酒吧高效、有序运营。

（二）酒水服务流程

酒吧酒水服务流程一般包括以下几个方面。

1. 迎接与问候

（1）服务员站立于酒吧入口，面带微笑，目光亲切地注视每一位走近的顾客。

（2）当顾客进入酒吧时，服务员主动上前，用热情而不夸张的语气问候，如："晚上好，欢迎光临我们的酒吧！"

2. 引导与安排座位

（1）根据酒吧的布局和顾客的喜好，服务员主动询问："请问您喜欢坐吧台前还是圆桌呢？"

（2）若顾客选择吧台，服务员直接引领至吧台前并拉椅请坐；若选择圆桌，则引领至合适的圆桌，并协助顾客拉椅入座。

3. 点单服务

（1）在顾客入座后，服务员迅速递上酒水单，并主动介绍："这是我们酒吧的特色酒水单，您可以看看有什么喜欢的。"

（2）耐心等待顾客浏览酒水单，当顾客表现出对某款酒水感兴趣时，服务员主动介绍该款酒水的口感、特色及适合搭配的小吃或饮品。

（3）当顾客点完单后，服务员重复确认："您点的是××酒，对吗？还需要其他什么吗？"确保无误后，将点单信息送至吧台。

4. 酒水制作与传递

（1）吧台员工接收点单信息后，按照标准配方迅速而精细地制作酒水。

（2）在制作过程中，吧台员工注意酒水的温度、口感及装饰细节，确保每一杯酒水都达到最佳状态。

（3）制作完成后，吧台员工使用专用的托盘或酒杯垫，将酒水平稳地送至顾客座位。

5. 酒水呈递与介绍

（1）服务员将酒水轻轻放在顾客面前，同时介绍："这是您点的××酒，口感醇厚，希望您喜欢。"

（2）若顾客对酒水不熟悉，服务员会主动介绍酒水的品鉴方法、搭配建议等。

6. 服务过程中的关注与互动

（1）在顾客享用酒水的过程中，服务员会定时巡视，及时询问顾客是否需要添加冰块、更换酒杯等。

（2）若顾客表现出对某款酒水感兴趣但犹豫不决，服务员应主动推荐并解释推荐理由。

（3）针对常客或VIP顾客，服务员会记住他们的喜好和习惯，提供个性化的服务。

7. 结账与送客

（1）当顾客准备离开时，服务员主动上前询问："您准备结账了吗？是否需要帮您核对账单？"

（2）在顾客确认账单无误后，服务员提供多种支付方式供顾客选择，确保结账过程便捷高效。

（3）送客时，服务员表达感谢并邀请顾客下次再来："感谢您的光临，期待您再来品尝我们的新品！"

8. 清理与整理

（1）顾客离开后，服务员迅速清理座位和桌面，确保酒吧环境整洁美观。

（2）对使用过的器具和酒水进行清洗和消毒处理，确保卫生安全。

（3）酒吧酒水服务过程中还应注意以下几点：

① 保持微笑和热情的服务态度，让顾客感受到宾至如归的体验。

② 注意与顾客的沟通方式和语气，避免引起误会或冲突。

③ 对于特殊需求或投诉，服务员应及时处理并向上级汇报，确保顾客满意。

三、酒吧人员管理

（一）酒吧人员管理的定义与目标

1. 酒吧人员管理的定义

酒吧人员管理指的是在酒吧运营过程中，对酒吧员工进行有效组织、调度、激励、控制和协调的一系列管理活动。它旨在通过科学的管理手段，提升酒吧员工的工作效率，优化服务质量，从而实现酒吧的整体盈利目标。

酒吧人员管理的重要性不言而喻。首先，员工是酒吧运营的基础和核心力量，他们的素质和能力直接影响到酒吧的服务质量和顾客体验。有效的人员管理可以激发员工的积极性和创造力，提升酒吧的整体竞争力。其次，酒吧行业具有高度的竞争性和变化性，人员管理能够帮助酒吧及时应对市场变化和顾客需求的变化，保持灵活性和创新性。最后，人员管理还能够促进酒吧内部和谐稳定，减少员工之间的冲突和矛盾，营造积极向上的工作氛围。

2. 酒吧人员管理的目标

（1）提升员工效率：通过合理的工作安排和任务分配，确保员工能够充分发挥自己的专业能力和技能，提高工作效率。同时，有效的激励机制可以激发员工的工作热情和积极性，进一步提升工作效率。

（2）提高服务质量：服务质量是酒吧的核心竞争力之一。人员管理需要关注员工的服务态度、服务技能和服务流程等方面，通过培训和教育提升员工的服务意识和能力，确保为顾客提供高质量的服务体验。

（3）保障顾客体验：顾客体验是酒吧成功的关键因素之一。人员管理需要关注顾客的需求和反馈，通过优化服务流程、提升员工沟通技巧和解决问题的能力，确保顾客在酒吧能够获得愉快、舒适的消费体验。

（4）促进团队协作：团队协作是酒吧运营中不可或缺的一环。人员管理需要注重团队建设和协作文化的培养。有效的沟通和协调机制可以促进员工之间的合作，形成高效、和谐的团队氛围。

（5）维护员工稳定性：酒吧行业的员工流动性较高，保持员工稳定性对于酒吧长期运营至关重要。人员管理需要关注员工的职业发展、福利待遇和工作环境等方面，通过提供良好的职业发展机会和福利待遇，提升员工的归属感和忠诚度。

（二）酒吧人员配备的原则

1. 岗位需求与人员能力相匹配

酒吧应根据不同岗位的工作性质和要求，选择具备相应技能和经验的人员。例如，调酒师应具备良好的酒品知识和调制技巧，而服务员则需要具备良好的沟通能力和服务意识。

2. 合理控制人力成本

在保证服务质量的前提下，酒吧应合理控制人力成本，避免人员过多或过少导致的资源浪费或服务质量下降。例如，根据酒吧的营业时间和客流量，可以合理安排员工的班次和工作时间，确保人员配备既不过于冗余也不过于紧张。

3. 保持人员稳定性与流动性平衡

酒吧人员配备，一方面应保持一定的稳定性，确保员工对酒吧文化和业务流程的熟悉度；另一方面应保持一定的流动性，为酒吧注入新的活力和创意。这可以通过合理的员工晋升和激励机制来实现。

4. 注重团队协作与沟通

酒吧作为一个服务型行业，团队协作和沟通至关重要。因此，在人员配备过程中，应注重员工之间的协作能力和沟通能力，确保各部门之间能够顺畅配合，共同为顾客提供优质的服务。

同时，安排沟通能力强的服务员负责接待和沟通工作，确保顾客需求能够及时得到满足。此外，根据酒吧的营业时间和客流量预测，可以合理安排员工的班次和工作时间，确保在高峰期有足够的人手应对顾客的需求。同时，通过定期的团队建设活动和内部沟通会议，增强员工之间的团队协作和沟通能力，提升整个酒吧的服务质量。

小型酒吧（座位数为 30 个左右），由于空间相对较小，客流量有限，因此建议配备 4~5 名调酒师。这样可以确保每位调酒师在忙碌时段都能有足够的时间调制出高质量的饮品，同时也有调酒师在空闲时段负责清洁和维护工作。

中型酒吧（座位数为 50~100 个），对于座位数较多的中型酒吧，建议根据座位数进行调酒师的配备。例如，每 50 个座位可配备 2 名调酒师。这样的配备比例可以确保在客流量较大时，仍有足够的调酒师能迅速响应顾客需求，保持酒吧高效运营。

大型酒吧或夜店（座位数超过 100 个），对于大型酒吧或夜店，由于其客流量大、营业时间长，建议增加调酒师的数量。除了按照每 50 个座位配备 2 名调酒师的原则外，还可以根据每日的饮料供应量来配备调酒师。例如，如果酒吧每日供应饮料量较大，可以按照每供应 100 杯饮料配备 1 名调酒师的比例进行安排。

（三）一般酒吧岗位及其工作职责

1. 总经理/店长

工作职责：

制定酒吧的整体经营策略和管理制度。监督酒吧的日常运营，确保服务质量。负责酒吧的人事、财务和市场营销等管理工作。

2. 服务员

工作职责：

负责接待顾客，提供热情周到的服务。为顾客点单，确保点单的准确性和及时性。及时传递顾客需求给调酒师或其他部门。维护酒吧的整洁和卫生。

3. 调酒师/酒保

工作职责：

熟练掌握各种酒水的调制技巧，为顾客制作高质量的饮品。了解酒水的库存情况，及时补充酒水。维护吧台的整洁和卫生。根据顾客需求推荐合适的饮品。

4. 保洁员

工作职责：

负责酒吧的清洁工作，包括地面、桌面、吧台等。定期清洁和消毒酒吧内的设施和设备。保持酒吧的卫生环境，确保顾客的舒适和健康。

5. 音响师

工作职责：

负责酒吧内的音乐播放和控制，根据场合调整音乐风格。维护音响设备正常运行，确保音质效果。与 DJ 和舞台表演人员协作，确保音乐与表演同步。

6. DJ

工作职责：

负责酒吧的娱乐表演和互动，营造活跃的氛围。根据场合和顾客喜好调整音乐播放列表。与舞台表演人员和服务员协作，确保活动顺利进行。

7. 保安员

人员配备：根据酒吧的规模和客流量来确定，确保酒吧的安全和秩序。

工作职责：

负责酒吧的安全保卫工作，防止意外事件发生。维护酒吧的秩序，处理顾客的纠纷和投诉。对可疑人员进行盘查和登记，确保酒吧安全。

每个岗位的人员都需要经过专业的培训和考核，以确保他们具备相应的专业技能和服务意识。同时，酒吧还需要建立完善的员工管理制度和激励机制，提高员工的工作积极性和满意度。

（四）酒吧员工培训的意义和方式

1. 酒吧员工培训的意义

（1）提高服务质量与顾客满意度：通过培训，员工能够更深入地理解岗位职责，掌握专业技能和服务技巧，从而提升服务质量，使顾客享受到更加专业、周到的服务。这不仅可以提高顾客的满意度，还有助于建立酒吧良好的口碑。

（2）增强员工归属感与责任感：培训可以帮助员工更好地了解自己的工作职责和工作内容，增强对酒吧的认同感和归属感。同时，通过培训，员工能够明确自己的职业发展方向，激发工作热情，提升工作积极性。

（3）提升工作效率与加强团队协作：培训可以简化复杂的工作过程，使员工更加熟练地掌握工作技能，从而提高工作效率。此外，培训还可以加强员工之间的沟通与协作，促进团队精神的形成，提升整体工作效率。

（4）保障酒吧稳定发展：通过培训，酒吧可以培养出一批具备专业素养和服务意识的员工，为酒吧的长期发展提供有力的人才保障。同时，优秀的员工队伍也是酒吧吸引和留住顾客的关键因素，有助于提升酒吧的市场竞争力。

2. 酒吧员工培训的方式

（1）内部培训：酒吧可以根据自身需求和员工特点，制订针对性的培训计划，组织内部培训师或经验丰富的员工进行授课。内部培训可以结合实际工作场景，让员工在实践中学习和掌握知识和技能。

（2）外部培训：酒吧可以邀请行业专家、培训机构等为员工提供专业培训。外部培训可以拓宽员工的视野，使员工了解行业最新动态和趋势，提升员工的专业素养。

（3）在线培训：利用网络平台进行在线培训，员工可以随时随地学习，不受时间和地点的限制。在线培训资源丰富多样，可以根据员工的需求和兴趣进行选择。

（4）实战演练：通过模拟实际工作场景，让员工进行实战演练，加深对知识和技能的理解和掌握。实战演练可以检验员工的培训成果，帮助他们更好地适应实际工作。

酒吧员工培训除了上述提到的形式外，还包括岗前培训、在职培训和脱产培训等多种形式。这些培训方式各具特点，能够针对不同员工的需求和酒吧的运营状况，提供有效的培训解决方案。

（5）岗前培训：主要针对新员工，目的是让他们快速了解酒吧的文化、规章制度、岗位职责以及基本的服务技能。通过岗前培训，新员工能够在正式上岗前对酒吧有一个全面的认识，为未来的工作做好准备。

岗前培训通常包括以下几个环节：

① 酒吧文化介绍：向新员工介绍酒吧的历史、文化、价值观等，帮助他们快速融入团队。

②　规章制度讲解：详细解释酒吧的各项规章制度，包括工作时间、考勤制度、奖惩机制等，确保新员工能够遵守纪律。

③　岗位职责说明：明确每个岗位的职责和要求，让新员工了解自己的工作内容和职责范围。

④　基本技能培训：包括酒水知识、服务技巧、应急处理等方面的培训，使新员工具备基本的服务能力。

（6）在职培训：主要针对已经在酒吧工作的员工，目的是提升他们的专业技能和服务水平，满足酒吧不断发展的需要。在职培训可以根据员工的岗位和职责，制订个性化的培训计划。

在职培训通常包括以下几个方面的内容。

①　专业技能提升：针对不同岗位的员工，提供专业的技能培训，如调酒技巧、服务礼仪等，帮助他们提升专业技能。

②　服务意识培养：通过案例分析、角色扮演等方式，培养员工的服务意识，让他们更加注重客户体验，提供优质的服务。

③　团队合作建设：组织团队建设活动，加强员工之间的沟通和协作，提升团队的整体效能。

（7）脱产培训：员工暂时离开工作岗位，参加专门的培训课程或学习班。这种培训方式通常适用于需要系统学习新知识、新技能的情况，或者用于培养酒吧的储备人才。

脱产培训的优点在于能够让员工全身心地投入学习中，避免工作干扰，提高学习效果。同时，通过与其他行业的专业人士交流学习，员工可以拓宽视野，了解最新的行业动态和趋势。

但脱产培训也需要酒吧付出一定的成本，包括培训费用、员工工资等。因此，在选择脱产培训时，酒吧需要综合考虑员工的实际需求、培训效果以及成本效益等因素。

（五）酒吧员工考核

酒吧员工考核的方式多种多样，每种方式都有其独特的特点和适用场景。以下是几种常见的酒吧员工考核方式：

1. 定期考核

这种方式是最基础的考核方式，通常包括月度、季度或年度考核。考核内容涵盖员工的工作表现、服务质量、销售业绩、工作纪律以及团队合作等多个方面。通过定期考核，酒吧管理层可以及时了解员工的工作状态，发现存在的问题，并采取相应的措施进行改进。

2. 360 度评估

360 度评估是一种多角度、全方位的考核方式，通常由员工的上级、同事、下属以及客户共同参与。通过这种方式，可以全面了解员工在不同场合和角色下的表现，从而准确地评估其综合能力和工作表现。360度评估有助于发现员工的优点和不足，为其个人发展提供有针对性的建议。

3. KPI 考核

KPI（关键绩效指标）考核是一种基于目标管理的考核方式。酒吧管理层根据酒吧的战略目标和业务需求，制定具体的 KPI，如销售额、客户满意度、酒水成本控制等。员工需要在规定的时间内完成这些指标，以达成酒吧的整体目标。KPI 考核有助于激发员工的工作积极性和责任心，推动酒吧业务的发展。

4. 日常工作观察

这种方式更为直接和实时，由酒吧管理层或督导在日常工作中对员工进行观察和记录。观察内容包括员工的工作态度、服务技能、应对突发情况的能力等。这种方式能够及时发现问题，进行及时的反馈和指导，有助于员工在工作中不断改进和提升。

5. 客户满意度调查

客户满意度是衡量酒吧服务质量的重要指标之一。定期进行客户满意度调查，可以了解客户对酒吧服务的评价和建议，从而间接评估员工的工作表现。客户满意度调查结果可以作为员工考核的重要参考依据，帮助酒吧管理层了解员工在服务方面的优势和不足。

在实施考核时，酒吧还可以结合奖励机制，对表现优秀的员工进行表彰和奖励，激发员工的工作热情和积极性。同时，针对考核中发现的问题和不足，酒吧管理层应及时与员工进行沟通，提供改进建议和支持，帮助员工提升工作能力和水平。

复习与思考

1. 在酒吧管理中，如何确保对酒水库存的有效管理？

2. 在酒吧管理中，如何确保服务质量和顾客满意度？

3. 在酒吧运营中，如何应对突发状况？

4. 如何通过有效的酒吧布局和氛围营造来提升顾客体验？

5. 在酒吧管理中，如何平衡酒水价格与顾客接受度之间的关系？

6. 请简述酒吧与供应商合作的重要性及其管理策略。

知识拓展　奇特的酒吧

附　录

附录一　酒吧专业英语

1. 酒吧用具

量杯 jigger

酒嘴 pourer

调酒杯 mixing glass

调酒壶 shaker

滤冰器 strainer

吧勺 bar spoon

茶匙 tea spoon

冰勺（铲）ice spoon

冰夹 ice tongs

水果挤压器 fruit squeeze

冰桶 ice bucket

宾治盆 punch bowl

砧板 cutting board

酒吧刀 bar knife

装饰叉 relish fork

开瓶器 bottle opener

瓶塞钻 corkscrew

托盘 tray

杯垫 coaster

吸管 straw

鸡尾酒签 cocktail picks

2. 酒吧杯具

古典杯 old fashioned glass

鸡尾酒杯 cocktail glass

高脚杯 goblet glass

柯林杯 collins glass

酸酒杯 sour glass

雪梨杯 sherry glass

香槟杯 champagne glass

宾治酒缸 punch bowl

白兰地杯 brandy glass

利口酒杯 liqueur glass

红（白）葡萄酒杯 red（white）wine glass

烈酒杯 shot glass

啤酒杯 beer glass

爱尔兰咖啡杯 Irish coffee glass

彩虹酒杯 pousse coffee cup

玛格丽特杯 margarita glass

3. 酒吧设备

冰箱 bar refrigerator

吧台 bar counter

搅拌机 blender

电动饮料机 electronic dispensing system

上霜机 glass chiller

苏打枪 hang gun soda system

制冰机 ice maker

制冰机 ice making machine

冷藏柜（冰箱）refrigerator

4. 果汁/水果

果汁 juice

柠檬汁 lemon juice

橙汁 orange juice

菠萝汁 pineapple juice

西柚汁 grapefruit juice

番茄汁 tomato juice

苹果汁 apple juice

葡萄汁 grape juice

黑醋栗汁 black currant juice

青柠汁 lime juice

红石榴汁 grenadine juice

西瓜汁 watermelon juice

杨桃汁 carambola juice

梨 pear

哈密瓜 honeydew melon

樱桃 cherry

野莓（酸果蔓汁）wildberry juice

覆盆子 raspberry

草莓 strawberry

水蜜桃 peach

黄瓜 cucumber

香蕉 banana

芒果 mango

葡萄 grape

西芹 celery

鲜薄荷叶 fresh mint leaf

冰激凌 ice cream

5. 软饮料

汽水 sparkling water

奎宁水 tonic water

雪碧 Sprite

可口可乐 Coca Cola

百事可乐 PepsiCo

苏打水 soda water

矿泉水 mineral water

蒸馏水 distilled water

干姜水 ginger water

6. 配料与装饰物

糖浆 syrup

橄榄 olive

丁香 clove

蜂蜜 honey

可可粉 cocoa powder

奶油 cream

牛奶 milk

鸡蛋 egg

咖啡 coffee

玉桂枝 cinnamon stick

玉桂粉 cinnamon powder

白砂糖 white sugar

胡椒粉 pepper

安哥斯特拉比特酒（苦精） Angostura biter

盐 salt

蛋清 egg white

蛋黄 egg yolk

椰奶 coconut milk

椰汁 coconut juice

柠檬片（半片/一片） lemon （slice/wheel）

黄瓜 cucumber

红樱桃 red cherry

绿樱桃 green cherry

菠萝角 pineapple wedge

橙角 orange wedge

柠檬头 lemon head

柠檬角 lemon wedge

一薄荷叶 sprig of mint

扭曲的柠檬皮 twist lemon

整个柠檬皮 whole lemon peel

小樱桃挂杯 red cherry on glass rim

酒签穿小樱桃 red cherry with pick

酒签穿橄榄 olive with pick

酒签穿小洋葱 onion with pick

杯边蘸上盐 rim of glass with salt

杯边蘸上糖 rim of glass with sugar

西芹做成棒状 celery sick

吸管穿红樱桃 red cherry with straw

面上撒上豆蔻粉 sprinkle with nutmeg on top

7. 酒吧专用术语

兑和法 building

调和法 stirring

摇和法 shaking

搅和法 blending

挤拧 twist

抖/甩 dash

滴 drop

漂浮 float

漂在上面 float on top

混合 mix

长饮 long drinks

短饮 short drinks

数量 quantity

基酒 base

成分 ingredient

方法 mothod

装饰 garish

少许 some

调酒师 bartender

女调酒师 barmaid

经理 manager

8. 酒吧基酒中英文对照

白兰地 Brandy

干邑 Cognac

雅文邑 Armagnac

人头马 V. S. O. P   Rémy Martin V. S. O. P

人头马 X. O   Rémy Martin X. O

人头马路易十三 Rémy Martin Louis ⅩⅢ

人头马拿破仑 Rémy Martin Napoleon

人头马特级 Club De Rémy Martin

轩尼诗干邑 X. O   Hennessy X. O Cognac

轩尼诗 V. S. O. P   Hennessy V. O. S. P

金牌马爹利 Martell Medaillon

蓝带马爹利 Martell Corden Bleu

威士忌 Whisky

苏格兰威士忌 Scotch Whisky

果方 Johnnie Walker Black Lable

红方 Johnnie Walker Red Lable

监方 Johnnie Walker Blue Lable

金方 Johnnie Walker Gold Lable

芝华士 Chivas

格兰菲迪 Glenfiddich

皇家礼炮 21 年 Royal Salute 21 years

百龄坛（12、17、21 年）Ballantine's 12/17/21 years

爱尔兰威士忌 Irish Whisky

占美臣 John Jameson

黑麦威士忌 RYE Whisky

加拿大俱乐部 Canadian Club

施格兰 V. O Seagram's V. O

波旁威士忌 Bourbon Whisky

占边 Jim Beam Whisky

杰克丹尼 Jack Daniel's

四朵玫瑰 Four Roses Whisky

金酒 Gin

伦敦干酒 London Dry Gin

哥顿 Gordon's

钻石 Gilbey's

必富达 Beefeater

施格兰金 Seagram's Gin

朗姆酒 Rum

百家得 Bacardi Rum

摩根船长 Captain Morgan B/W Rum

美雅士 Myers

伏特加 Vodka

芬兰伏特加 Finlandia Vodka

红牌伏特加 Stolichnaya Vodka

绿牌伏特加 Moskovskaya Vodka

皇冠伏特加 Smirnoff Vodka

绝对伏特加（瑞典产）Absolut Vodka

特基拉酒 Tequila

豪帅快活（银快活）Jose Cuervo White Tequila

豪帅快活（金快活）Jose Cuervo Gold Tequila

啤酒 Beer

喜力 Heineken

嘉士伯 Carlsberg

健力士黑啤 Guinness Stout

虎牌 Tiger

巴斯啤酒 Bass

百威啤酒 Budweiser

贝克啤酒 Beck's

科罗娜 Corna

利口酒 Liqueur

加利安奴 Galliano Liqueur

君度 Ciontreau

飘仙一号 Pimm's No. 1

咖啡蜜 Kahlua

添万利咖啡酒 Tia Maria

法国廊酒 Benedictine D. O. M

爱尔兰百利甜 Baileys

杜林标 Drambuie

金万利 Grand Marnier

马利宝 Malibu

金巴利 Campari

迪她荔枝酒 Dita Lychee Liqueur

白可可 Cream de Cacao White

棕可可 Cream de Cacao Brown

杏仁白兰地 Apricot Brandy

樱桃白兰地 Cherry Brandy

樱桃酒 Kirschwasser

香草酒 Marschino

白橙皮酒 Triple Sec

蓝橙酒 Blue Curacao

葫芦绿薄荷酒 Get 27 Pippermint Liqueur

蛋黄白兰地 Advocaat

苹果白兰地 Calvados

黑加仑 Black Currant

紫罗兰 Parfait Amour

哈密瓜 Melon Liqueur

香蕉利口酒 Banana Liqueur

黑加仑利口酒 Crème de Cassis

茴香酒 Anises

覆盆子利口酒 Raspberry Liqueur

香草利口酒 Vanilla Liqueur

开胃酒 Aperitif

味美思 Vermouth

马天尼红威末 Martini Rosso

马天尼干（半干）Martini Dry（Bianeo）

金巴利 Campari

潘诺 Pemmod

杜本内 Dubonnet

波特酒 Porto

雪梨酒 Sherry

葡萄酒 Wine

赤霞珠 Cabernet Sauvignon

霞多丽 Chardonnay

加美 Gamay

黑比诺 Pinot Noir

雷司令 Riesling

解百纳 Cabernet

玫瑰红 Rose

年份 Vintage

附录二　侍酒师

根据《中华人民共和国职业分类大典（2022 年版）》，侍酒师是指从事餐厅葡萄酒文化普及、酒单设计、餐酒搭配、酒窖管理、酒水知识培训等工作的人员。

主要工作任务：

（1）依据葡萄酒产地、酒庄、等级、年份、特色、价格和餐厅的餐食风格，编制餐厅酒单，计算成本、拟定价格、提出采购建议；

（2）对葡萄酒进行感官鉴别，指导入窖葡萄酒分级、分类、分区储存，对酒窖温度和湿度控制进行管理；

（3）为客人介绍酒单中酒水的基本情况、产品特点和品质；

（4）为客人介绍酒的品牌、历史、文化和品质特点，推荐、展示酒品，依客人需求，进行餐酒搭配并提出餐酒建议；

（5）向客人介绍葡萄酒并指导客人对葡萄酒的产地、酒庄、年份和品质等进行确认，依葡萄酒的类型配备专用酒具；

（6）使用开瓶器和专用醒酒器进行醒酒操作，依照葡萄酒的年份、品质，以及醒酒器的材质、形状等判断醒酒时间，进行餐桌酒水服务；

（7）制订酒水服务培训计划，对相关人员进行酒水知识、酒水文化的培训和指导。

侍文院院长李航，对侍酒师职业定义进行了解读。发展演化后的侍酒师职业定义，让侍酒师这个职业在当今的行业体系下已经不仅是简单的重复熟练工种类的服务人员，而是结合多种实用理论知识的复合型应用人才。侍酒师定义涵盖以下几个方面。

第一，侍酒师在工作中，要面对消费场所，即面对消费人群，故而侍酒师所面向的为人与人之间的交流沟通，并利用有效劳动服务创造酒水类产品买卖收益价值的工作；

第二，侍酒师要在感官品评上有专业知识及品评技术实操基础，能够理解、分析、解读所涉及的酒水类产品特征；

第三，侍酒师工作中需要专业器具进行辅助加持，需要专业运用合适器具的熟练度，达到标准侍酒服务要求；

第四，侍酒师工作除销售外，还需要有专业文化知识，对酒水类产品进行文化普及推广；

第五，侍酒师工作中，需要足够的餐品类及餐酒搭配知识，为消费人群提供得体合理的附加服务价值；

第六，成熟的侍酒师还有基于理论、级别及经验的服务场所管理、设计、培训指导等职能；

第七，与国外的侍酒师工作领域有很大不同，国外的侍酒师主要是在葡萄酒领域，新国家标准的侍酒师定位不仅仅是葡萄酒领域，会有工种的细分，葡萄酒侍酒师、白酒侍酒师、黄酒侍酒师、啤酒侍酒师等；

第八，侍酒师要时刻学习，跟进当下流行，随时提高自我能力。

侍酒师职业技能分为四个等级，分别为四级/中级工、三级/高级工、二级/技师、一级/高级技师。

关于侍酒师的知识和技能，我们可以这样形容：要兼具内功和外功。

什么叫内功？所谓内在修身，则是注重认识与自我修养；包括我们所学的理论知识，对品种、产区、酿造等所有的葡萄酒知识储备，不仅包括葡萄酒，还要懂烈酒、鸡尾酒、雪茄、咖啡、矿泉水、啤酒等工作内容，包括葡萄酒的采购、酒窖管理、酒单设计、餐酒搭配、培训等。

什么叫外功？外功即外在的行动，要求我们学以致用，讲求实际，也可以理解为"内功的外在表露"与实操服务，技能的展现，侍酒服务也被称为侍酒表演，通过专业的侍酒动作、肢体动作、语言表达与客人产生互动。

附录三　调酒师职业标准

1. 职业概况

1.1　职业名称

调酒师。

1.2　职业定义

调酒师指在酒吧或餐厅等场所，根据传统配方或宾客的要求，专职从事配制并销售饮料的人员。

1.3　职业等级

调酒师共设五个等级，分别为：初级（国家职业资格五级）、中级（国家资格四级）、高级（国家职业资格三级）、技师（国家职业资格二级）、高级技师（国家职业资格一级）。

1.4　职业环境条件

室内外，常温。

1.5　职业能力特征

色觉、味觉、嗅觉灵敏；手指、手臂灵活，动作协调。

1.6　基本文化程度

高中毕业（或同等学力）。

1.7　培训要求

1.7.1　培训期限

全日制职业学校教育，根据其培养目标和教学计划确定。晋级培训期限：初级不少于 120 个标准学时；中级、高级不少于 100 个标准学时；技师、高级技师不少于 60 个标准学时。

1.7.2　培训教师

培训初级、中级、高级的教师应具有本职业技师及以上职业资格证书或相关专业中级及以上专业技术职务任职资格；培训技师的教师应具有本职业高级技师职业资格证书或相关专业高级专业技术职务任职资格；培训高级技师的教师应具有本职业高级技师职业资格证书 2 年以上或相关专业高级专业技术职务任职资格。

1.7.3　培训场地设备

具备能同时培训 25 名以上学员的理论学习标准教室及实际操作教室；教室应具有讲台、吧台及必要的教学设备、调酒工具设备；备有实际操作所需的饮料、装饰物。教室采光、安全、通风条件良好。

1.8　鉴定要求

1.8.1　适用对象

从事或准备从事本职业的人员。

1.8.2　申报条件

初级（具备以下条件之一者）：

(1) 经本职业初级正规培训达规定标准学时数，并取得结业证书。

(2) 在本职业连续见习工作 2 年以上。

(3) 本职业学徒期满。

中级（具备以下条件之一者）：

(1) 取得本职业初级职业资格证书后，连续从事本职业工作 3 年以上，经本职业中级正规培训达规定标准学时数，并取得结业证书。

(2) 取得本职业初级职业资格证书后，连续从事本职业 5 年以上。

(3) 连续从事本职业工作 7 年以上。

(4) 取得经人力资源和社会保障行政部门审核认定的、以中级技能为培养目标的中等以上职业学校本职业（专业）毕业证书。

高级（具备以下条件之一者）：

(1) 取得本职业中级职业资格证书后，连续从事本职业工作 4 年以上，经本职业高级正规培训达到规定标准学时数，并取得结业证书。

（2）取得本职业中级职业资格证书后，连续从事本职业工作 6 年以上。

（3）取得高级技工学校或经人力资源和社会保障行政部门审核认定的、以高级技能为培养目标的高等职业学校本职业（专业）毕业证书。

（4）取得本职业中级职业资格证书的大专以上本专业或相关专业毕业生，连续从事本职业工作 2 年以上。

技师（具备以下条件之一者）：

（1）取得本职业高级职业资格证书后，连续从事本职业工作 5 年以上，经本职业技师正规培训达规定标准学时数，并取得结业证书。

（2）取得本职业高级职业资格证书后，连续从事本职业 7 年以上。

（3）取得本职业高级职业资格证书的高级技工学校本职业（专业）毕业生和大专以上本专业或相关专业的毕业生，连续从事本职业工作 2 年以上。

高级技师（具备以下条件之一者）：

（1）取得本职业技师职业资格证书后，连续从事本职业工作 3 年以上，经本职业高级技师正规培训达规定标准学时数，并取得结业证书。

（2）取得本职业技师职业资格证书后，连续从事本职业工作 5 年以上。

1.8.3 鉴定方式

鉴定方式分为理论知识考试和技能操作考核。理论知识考试采取闭卷笔试等方式，技能操作考核采取现场实际操作、模拟操作和口试等方式。理论知识考试和技能操作考核均实行百分制，成绩皆达 60 分及以上者为合格。技师、高级技师还需进行综合评审。

1.8.4 考评人员与考生配比

理论知识考试考评人员与考生配比为 1∶15，每个标准教室不少于 2 名考评人员；技能操作考核考评人员与考生配比为 3∶1，且不少于 3 名考评员；综合评审委员不少于 5 人。

1.8.5 鉴定时间

理论知识考试时间不少于 90 分钟；技能操作考核时间：初级不少于 15 分钟，中级不少于 20 分钟，高级不少于 30 分钟，技师、高级技师不少于 50 分钟；综合评审时间不少于 20 分钟。

1.8.6 鉴定场所设备

理论知识考试在标准教室进行；技能操作考核在备有调酒必备的原料、装饰物，必要的调酒和酒吧服务工具以及冷藏、冷冻设备的场所进行。

2. 基本要求

2.1　职业道德

2.1.1　职业道德基本知识

2.1.2　职业守则

（1）忠于职守，礼貌待人。

（2）清洁卫生，保证安全。

（3）团结协作，顾全大局。

（4）爱岗敬业，遵守纪律。

（5）钻研业务，精益求精。

2.2　基础知识

2.2.1　饮料基础知识

（1）饮料概述。

（2）饮料的分类。

（3）酒的分类。

（4）酒类酿造的基本原理。

2.2.2　食品营养卫生知识

（1）食品卫生基础知识。

（2）饮食业卫生制度。

（3）营养基础知识。

（4）饮食搭配。

2.2.3　公共关系与社交礼仪

（1）仪表仪容。

（2）礼节礼貌。

（3）公共关系。

（4）社交艺术。

2.2.4　酒吧英语

（1）酒吧常用服务英语。

（2）酒吧常用专业英语。

（3）鸡尾酒酒谱。

（4）酒与原料的英文词汇。

（5）酒吧设备设施、调酒用具的英文词汇。

2.2.5　酒吧基础知识

（1）酒吧的定义与分类。
（2）酒吧的结构与吧台设计。
（3）酒吧组织结构与人员管理。
（4）酒吧设备知识。
（5）酒吧服务与调酒工具。

2.2.6　相关法律法规知识

（1）《中华人民共和国劳动法》相关知识。
（2）《中华人民共和国食品安全法》相关知识。
（3）《中华人民共和国价格法》相关知识。
（4）《中华人民共和国消防法》相关知识。
（5）《中华人民共和国消费者权益保护法》相关知识。
（6）《公共场所卫生管理条例》相关知识。

3. 工作要求

对初级、中级、高级、技师和高级技师的工作要求依次递进，高级别涵盖低级别的要求。

3.1　初级（附录　表3-1）

表3-1　初级调酒师的工作要求

职业功能	工作内容	技能要求	相关知识
一、开吧准备	（一）个人仪容仪表整理	1. 能按照酒吧职业要求进行着装 2. 能根据酒吧职业特点进行岗前理容	1. 酒吧员工岗位仪容仪表的基本要求 2. 酒吧员工岗位基本化妆方法
	（二）酒吧工作环境检查	1. 检查酒吧通风、消防系统 2. 能检查酒吧音响系统 3. 能检查酒吧制冷设备 4. 能检查酒吧上、下水设备 5. 能检查、调整照明系统	1. 酒吧设备、设施的使用及保养方法 2. 酒吧设备、设施检查记录表格的使用方法
	（三）饮料补充	1. 能完成饮料的领取 2. 能在提货时检查饮料质量	1. 酒吧提货流程 2. 酒吧标准库存的原则和要求
	（四）开罐饮料检查	1. 能识别饮料中英文名称，并判断其类别 2. 能目测检查酒吧库存饮料质量 3. 能根据酒吧容量标准检查开吧饮料库存数量	1. 酒吧常见各类饮料的质量要求 2. 酒吧饮料盘点表的使用方法

（续表）

职业功能	工作内容	技能要求	相关知识
二、酒吧清洁	（一）酒吧环境清洁	1. 能清洁酒吧内部陈设、地面 2. 能清洁酒吧外部公共区域	1. 酒吧的基本卫生要求 2. 酒吧"门前三包"的卫生要求
	（二）酒吧用具清洁	1. 能检查调酒用具是否完好 2. 能检查调酒用具的卫生状况 3. 能进行调酒用具的清洗和消毒	1. 调酒用具的卫生要求 2. 调酒用具的清洗流程 3. 酒吧洗杯机的使用方法 4. 酒吧杯具的擦拭方法
三、调酒准备	（一）调酒辅料及装饰物准备	1. 能制作糖浆等调酒辅料 2. 能制作鸡尾酒装饰物 3. 能按要求对调酒辅料进行储存	1. 调酒辅料的种类 2. 鸡尾酒装饰物的制作要求 3. 调酒辅料的储存要求
	（二）调酒用具准备	1. 能识别酒吧常用调酒用具和杯具 2. 能根据需要备齐调酒用具和杯具	1. 酒吧常用调酒用具和杯具 2. 酒吧常用调酒用具和杯具的规范使用方法
四、饮料调制与服务	（一）软饮料服务	1. 能调配软饮料 2. 能根据不同软饮料的特点进行对客服务	1. 酒吧常用软饮料的配方知识 2. 酒吧常用软饮料的制作知识 3. 软饮料的服务方法
	（二）混合酒精饮料调制	能制作10款混合酒精饮料，每款在3 min内完成	1. 混合酒精饮料的配方知识 2. 混合酒精饮料的服务方法

3.2　中级（附录　表3-2）

表3-2　中级调酒师的工作要求

职业功能	工作内容	技能要求	相关知识
一、饮料调制与服务	（一）本地流行饮料调制	1. 能调查、搜集本地特色饮食、特色饮料 2. 能调制10款本地流行饮料	专业饮料知识
	（二）国际流行鸡尾酒调制	1. 能使用调、摇、兑、搅等方法调制36款国际流行鸡尾酒 2. 能对饮料进行色彩搭配 3. 能根据调酒配方进行装饰	1. 鸡尾酒的调制原理 2. 饮食美学知识
二、酒吧服务	（一）宾客服务	1. 能按照酒吧服务程序迎宾待客 2. 能根据操作规程为宾客点酒、上酒	1. 旅游基础知识 2. 酒吧服务知识

（续表）

职业功能	工作内容	技能要求	相关知识
二、酒吧服务	（二）饮料服务	1. 能根据单品饮料的习惯饮用方式进行服务 2. 能根据混合饮料的习惯饮用方式和类别进行服务	1. 旅游基础知识 2. 酒吧服务知识
三、酒吧盘点	（一）饮料盘点	1. 能记录酒吧饮料的使用状况及库存 2. 能根据酒吧营业需要进行饮料补充	1. 盘点知识 2. 日、月、年盘点表的使用方法
	（二）物品盘点	1. 能记录酒吧物品的使用状况及库存 2. 能进行酒吧物品补充	

3.3 高级（附录 表 3-3）

表 3-3 高级调酒师的工作要求

职业功能	工作内容	技能要求	相关知识
一、创造特色产品	（一）特色鸡尾酒创作	1. 能设计创新鸡尾酒 2. 能制作创新鸡尾酒 3. 能介绍创新鸡尾酒的寓意	1. 鸡尾酒的设计原理 2. 鸡尾酒产品的推广方法
	（二）特色饮料创作	1. 能设计时尚饮料 2. 能制作时尚饮料 3. 能介绍时尚饮料的寓意	1. 时尚饮料的设计原则 2. 时尚饮料的推广方法
二、员工培训	（一）入职培训	1. 能对酒吧员工进行酒吧规章制度的培训 2. 能对酒吧员工进行酒吧职业规范的培训	1. 酒吧规章制度 2. 酒吧工作沟通技巧 3. 职业培训的基本方法
	（二）专业培训	1. 能对酒吧员工进行酒吧服务流程的培训 2. 能对酒吧员工进行基础饮料知识及调制方法的培训	酒吧标准化管理的制度与执行原则
	（三）考核员工	1. 能编制酒吧员工考核方案 2. 能对酒吧员工进行工作评定	1. 酒吧员工考核内容 2. 酒吧员工考核评定方法

（续表）

职业功能	工作内容	技能要求	相关知识
三、饮料成本控制	（一）酒吧表格设计	1. 能设计酒吧盘点表 2. 能设计酒吧采购单 3. 能设计酒吧转账单（内部调拨单） 4. 能设计酒吧日销售记录表 5. 能设计酒吧瓶装酒销售记录表	1. 酒吧表格的设计方法和基本内容 2. 饮料成本率的计算方法 3. 成本率与毛利率的换算方法 4. 成本率的评估方法 5. 实际运营成本的计算方法
	（二）饮料成本核算	1. 能计算酒吧饮料成本率 2. 能分析酒吧日营业状况	

3.4　技师（附录　表3-4）

表3-4　技师的工作要求

职业功能	工作内容	技能要求	相关知识
一、酒吧营销	（一）酒吧品牌营销	1. 能根据特定主题的要求进行酒吧的布局设计 2. 能根据布局设计装饰酒吧	1. 酒吧布局设计知识 2. 单杯销售方法 3. 整瓶酒销售方法 4. 混合酒销售方法 5. 常见的酒吧推销形式与活动方案 6. 滞销饮料解决方案
	（二）饮料营销	1. 能根据特定主题的要求设计、制作饮料 2. 能编制饮料推广方案	
	（三）酒单设计	1. 能撰写市场调查报告 2. 能按品种对饮料进行分类 3. 能根据饮料成本率及销售情况计算饮料价格 4. 能标注饮料的中英文名称及价格	1. 酒吧饮料品种的分类 2. 饮料价格的计算方法
二、葡萄酒侍奉	（一）葡萄酒服务	1. 能识别葡萄酒酒标 2. 能向宾客推荐葡萄酒 3. 能按照不同葡萄酒的服务要求为客人侍酒	1. 葡萄酒基础知识 2. 葡萄酒的饮用常识 3. 葡萄酒服务基础知识
	（二）葡萄酒保存	1. 能设计葡萄酒酒窖 2. 能根据葡萄酒的特点，设计葡萄酒储存方案	1. 葡萄酒酒窖设计知识 2. 葡萄酒储存知识

（续表）

职业功能	工作内容	技能要求	相关知识
三、酒吧管理	（一）饮料管理	1. 能编制饮料的采购方案 2. 能对所需的饮料进行品评 3. 能根据饮料的特点对饮料进行验收。分类储藏、配发	1. 采购计划的编制要求 2. 采购流程 3. 饮料验收原则 4. 饮料储藏与安全管理要求 5. 饮料配发流程
	（二）酒吧标准化管理	1. 能制定饮料度量标准 2. 能制定饮料标准配方 3. 能制定酒吧杯具标准	酒吧标准化管理方法的制定

3.5　高级技师（附录　表3-5）

表3-5　高级技师的工作要求

职业功能	工作内容	技能要求	相关知识
一、酒吧筹备	（一）酒吧设计	1. 能撰写酒吧策划书 2. 能设计酒吧娱乐项目	1. 酒吧选址的相关因素 2. 酒吧内部装修与设计方法 3. 酒吧氛围的营造方法 4. 常见酒吧的分类 5. 常见酒吧娱乐项目
	（二）酒吧饮料、物品采购	1. 能编制饮料采购预算 2. 能编制物品采购预算	常见酒吧开业必备饮料、物品清单
二、酒会设计与实施	（一）酒会策划与准备	1. 能记录客户预订的相关信息 2. 能向客户确认酒会的目的、主题，并为其提供专业性建议 3. 能预估酒会成本，并报价 4. 能制定、确认酒会流程单 5. 能确定用餐标准、形式 6. 能制定菜单、酒单，并交客户确定 7. 能布置酒会会场	1. 酒会预订流程 2. 制作酒会预订单的方法 3. 预估酒会成本、制定酒会价格的方法 4. 酒会流程设计方法 5. 不同形式的会场设计方法 6. 常见的酒会用餐形式 7. 常见的酒会饮料服务方法
	（二）酒会实施	1. 能根据酒会策划方案编制酒会工作清单、确定人员分工 2. 能按照酒会流程单提出员工督导工作建议 3. 能制定酒会应急预案 4. 能对客户资料、酒会执行情况等信息进行整理备案	1. 酒会活动注意事项 2. 酒会所涉及的岗位及人员要求 3. 酒会结算方式及注意事项 4. 酒会备案的内容及意义

（续表）

职业功能	工作内容	技能要求	相关知识
三、葡萄酒品鉴与营销	（一）葡萄酒品质与鉴赏	1. 能为客人提供专业侍酒（葡萄酒）服务 2. 能使用专业的方法引导客人鉴赏葡萄酒	1. 专业葡萄酒知识 2. 葡萄酒专业品鉴与鉴赏知识 3. 葡萄酒的侍酒知识
	（二）葡萄酒营销	1. 能根据经营需要采购、销售葡萄酒 2. 能运用葡萄酒与食品的搭配法则，指导客人选择、饮用葡萄酒	1. 世界主要葡萄酒产区分布 2. 葡萄酒与人体健康 3. 葡萄酒与食品的搭配 4. 国内外葡萄酒市场概况

4. 比重表

4.1　理论知识（附录　表 3－6）

表 3－6　调酒师理论知识比重

项　目		初级（%）	中级（%）	高级（%）	技师（%）	高级技师（%）
基本要求	职业道德	5	5	5	5	5
	基本要求	50	40	30	25	20
相关知识	开吧准备	10	—	—	—	—
	酒吧清洁	10	—	—	—	—
	调酒准备	15	—	—	—	—
	饮料调制与服务	10	15	—	—	—
	酒吧服务	—	15	—	—	—
	酒吧盘点	—	25	—	—	—
	创作特色产品	—	—	25	—	—
	员工培训	—	—	15	—	—
	饮料成本控制	—	—	25	—	—
	酒吧营销	—	—	—	20	—
	葡萄酒侍奉	—	—	—	25	—
	酒吧管理	—	—	—	25	—
	酒吧筹备	—	—	—	—	10
	酒会设计与实施	—	—	—	—	30
	葡萄酒品鉴与营销	—	—	—	—	35
合　计		100	100	100	100	100

4.2 技能操作（附录 表 3–7）

表 3–7 调酒师技能要求比重

项　目		初级 （%）	中级 （%）	高级 （%）	技师 （%）	高级技师 （%）
技能 要求	开吧准备	10	—	—	—	—
	酒吧清洁	15	—	—	—	—
	调酒准备	15	—	—	—	—
	饮料调制与服务	60	70	—	—	—
	酒吧服务	—	15	—	—	—
	酒吧盘点	—	15	—	—	—
	创作特色产品	—	—	70	—	—
	员工培训	—	—	15	—	—
	饮料成本控制	—	—	15	—	—
	酒吧营销	—	—	—	5	—
	葡萄酒侍奉	—	—	—	30	—
	酒吧管理	—	—	—	65	—
	酒吧筹备	—	—	—	—	20
	酒会设计与实施	—	—	—	—	50
	葡萄酒品鉴与营销	—	—	—	—	30
合　计		100	100	100	100	100

附录四　经典鸡尾酒配方

一、使用摇和法制作的鸡尾酒

1. 威士忌酸（Whisky sour）

（1）原料。1 oz 波旁威士忌，2 oz 鲜柠汁，0.5 oz 糖浆。

（2）装饰物。鲜柠檬片。

（3）载杯及用具。摇酒壶，量酒器，鸡尾酒杯。

2. 红粉佳人（Pink Lady）

（1）原料。1.5 oz 金酒，0.25 oz 红石榴糖浆，0.5 oz 鲜柠檬汁，1 个新鲜鸡蛋清。

（2）载杯及用具。摇酒壶，量酒器，鸡尾酒杯。

3. 白兰地亚历山大（Brandy Alexander）

（1）原料 1 oz 白兰地，1 oz 黑可可酒，1 oz 鲜牛奶。

（2）装饰物。豆蔻粉。

（3）载杯及用具。鸡尾酒杯，量酒器，摇酒壶。

4. 得其利（Daiquiri）

（1）原料。1.5 oz 白朗姆酒，0.5 oz 糖浆，1 oz 鲜柠檬汁。

（2）装饰物。糖边。

（3）载杯及用具。摇酒壶，量酒器，鸡尾酒杯。

5. 咸狗（Salty Dog）

（1）原料。1 oz 伏特加，3 oz 鲜西柚汁。

（2）装饰物。新鲜青柠角，盐边。

（3）载杯及用具。摇酒壶，量酒器，鸡尾酒杯。

6. 血玛丽（Bloody Mary）

（1）原料。1 oz 伏特加，3 oz 番茄汁，0.5 oz 鲜柠檬汁，少许李派林，辣椒，盐粉，黑胡椒粉。

（2）装饰物。芹菜杆，鲜柠檬片。

（3）载杯及用具。海波杯，量酒器，吧匙。

7. 长岛冰茶（Long lsland Iced Tea）

（1）原料。1 oz 白朗姆酒，1 oz 伏特加，1 oz 金酒，1 oz 龙舌兰酒，0.75 oz 君度，1 oz 鲜柠檬汁，3 oz 可乐。

（2）装饰物。柠檬角。

（3）载杯及用具。海波杯，量酒器，摇酒壶。

8. 百家得鸡尾酒（Bacardi Cocktail）

（1）原料。2 oz 白朗姆酒，0.2 oz 红石榴糖浆，0.75 oz 鲜青柠檬汁。

（2）载杯及用具。鸡尾酒杯，量酒器，摇酒壶。

9. 边车（Side Car）

（1）原料。2 oz 白兰地酒，0.5 oz 白橙利口酒，0.5 oz 鲜柠檬汁。

（2）载杯及用具。鸡尾酒杯，量酒器，摇酒壶。

10. 玛格丽特（Margarita）

（1）原料。1 oz 龙舌兰酒，0.5 oz 鲜柠檬汁，0.5 oz 白橙利口酒。

（2）装饰物。盐边，青柠角。

（3）载杯及用具。玛格丽特杯或鸡尾酒杯，量酒器，摇酒壶。

11. 蓝色玛格丽特（Blue Margarita）

（1）原料。1.5 oz 龙舌兰酒，0.5 oz 青柠檬汁，0.5 oz 白橙利口酒，0.5 oz 蓝橙利口酒。

（2）载杯及用具。玛格丽特杯或鸡尾酒杯，量酒器，摇酒壶。

12. 种植者宾治（Planter Punch）

（1）原料。1 oz 黑朗姆酒，0.75 oz 柠檬汁，1 oz 红石榴糖浆，苏打水。

（2）装饰物。柠檬片，橙片。

（3）载杯及用具。海波杯或柯林斯杯，量酒器，吧匙。

13. 占冽（Gimlet）

（1）原料。1.5 oz 金酒，0.75 oz 青柠汁。

（2）装饰物。鲜青柠片。

（3）载杯及用具。鸡尾酒杯，量酒器，摇酒壶。

14. 布朗克斯（Bronx）

（1）原料。1.5 oz 金酒，0.5 oz 甜味美思，0.5 oz 干味美思，1 oz 橙汁。

（2）载杯及用具。鸡尾酒杯，量酒器，摇酒壶。

15. 汤姆柯林斯（Tom Collins）

（1）原料。2 oz 金酒，1 oz 柠檬汁，0.5 oz 糖水，注满苏打水。

（2）装饰物。柠檬片。

（3）载杯及用具。海波杯，量酒器，摇酒壶。

16. 新加坡司令（Singapore Sling）

（1）原料。1.5 oz 金酒，0.75 oz 樱桃白兰地，0.5 oz 红石榴糖浆，0.5 oz 柠檬汁，注满苏打水。

（2）装饰物。柠檬片，红樱桃。

（3）载杯及用具。海波杯，量酒器，摇酒壶。

17. 两者之间（Between the Sheets）

（1）原料。0.75 oz 白朗姆酒，0.75 oz 白兰地，0.75 oz 君度，0.5 oz 鲜柠檬汁。

（2）载杯及用具。海波杯，量酒器，摇酒壶。

18. 金菲士（Gin Fizz）

（1）原料。1 oz 金酒，0.75 oz 柠檬汁，0.25 oz 糖水，1 个新鲜蛋清，注 8 分满苏打水。

（2）装饰物。柠檬片，吸管。

（3）载杯及用具。海波杯，量酒器，吧匙，摇酒壶。

19. 金色菲士（Golden Fizz）

（1）原料。2 oz 金酒，1 oz 鲜柠檬汁，0.5 oz 糖水，1 个新鲜蛋黄，注满苏打水。

（2）装饰物。红樱桃，柠檬片，吸管。

（3）载杯及用具。海波杯，量酒器，摇酒壶。

20. 青草蜢（Grasshopper）

（1）原料。1 oz 绿薄荷酒，1 oz 白可可酒，1 oz 鲜牛奶。

（2）载杯及用具。鸡尾酒杯，量酒器，摇酒壶。

二、使用调和法制作的鸡尾酒

1. 干马天尼（Dry Martini）

（1）原料。2 oz 金酒，0.5 oz 干味美思。

（2）装饰物。两个橄榄。

（3）载杯及用具。摇酒壶，量酒器，调酒棒，鸡尾酒杯，吧匙。

2. 罗布罗伊（Rob Roy）

（1）原料。2 oz 苏格兰威士忌，少许甜味美思。

（2）装饰物。红樱桃。

（3）载杯及用具。鸡尾酒杯，量酒器，吧匙，调酒杯。

3. 凯尔（Kir）

（1）原料。1 oz 黑草莓利口酒，6 oz 冰镇白葡萄酒。

（2）载杯及用具。白葡萄酒杯，量酒器，吧匙。

4. 皇室凯尔（Kir Royal）

（1）原料。1 oz 黑草莓利口酒，6 oz 冰镇香槟或葡萄汽酒。

（2）载杯及用具。香槟杯，量酒器，吧匙。

5. 自由古巴（Free Cuba）

（1）原料。1 oz 白朗姆酒，0.5 oz 鲜柠檬汁，可乐。

（2）装饰物。鲜青柠角。

（3）载杯及用具。海波杯，量酒器，吧匙。

6. 黑俄罗斯（Black Russian）

（1）原料。1.5 oz 伏特加，0.75 oz 咖啡利口酒。

（2）装饰物。柠檬角。

（3）载杯及用具。古典酒杯，量酒器，吧匙。

7. 白俄罗斯（White Russian）

（1）原料。1 oz 伏特加，0.75 oz 咖啡蜜酒，0.5 oz 牛奶。

（2）载杯及用具。古典酒杯，量酒器，吧匙。

8. 吉普森（Gibson）

（1）原料。2 oz 金酒，0.5 oz 干味美思。

（2）装饰物。鸡尾酒洋葱。

（3）载杯及用具。鸡尾酒杯，量酒器，吧匙。

9. 斯汀（Stinger）

（1）原料。1.5 oz 白薄荷酒，1.5 oz 白兰地。

（2）载杯及用具。鸡尾酒杯，量酒器，吧匙，调酒杯。

10. 曼哈顿（Manhattan）

（1）原料。1.5 oz 波旁威士忌，0.75 oz 甜味美思。

（2）装饰物。樱桃。

（3）载杯及用具。古典杯，量酒器，吧匙，调酒杯。

11. 锈钉（Rusty Nail）

（1）原料。1 oz 苏格兰威士忌，1 oz 杜林标。

（2）载杯及用具。古典杯，量酒器，吧匙。

12. 莫吉托（Mojito）

（1）原料。1 oz 白朗姆酒，1 茶匙黄砂糖，2 个青柠檬，少许苏打水，6 片薄荷叶。

（2）装饰物。薄荷叶。

（3）载杯及用具。古典杯，量酒器，搅棒。

三、使用兑和法制作的鸡尾酒

轰炸机（B-52）：

（1）原料。0.3 oz 白兰地，0.3 oz 百利甜酒，0.3 oz 咖啡利口酒。

（2）载杯及用具。量酒器，子弹杯，钥匙，口布。

四、使用搅和法制作的鸡尾酒

1. 冰冻香蕉得其利（Frozen banana Daiquiri）

（1）原料。1.5 oz 白朗姆酒，0.5 oz 香蕉利口酒，0.5 oz 青柠汁，半根鲜香蕉，糖粉。

（2）装饰物。香蕉，糖边。

（3）载杯及用具。大号鸡尾酒杯，量酒器，电动打碎机。

2. 冰冻草莓玛格丽特（Frozen strawberry Margaret）

（1）原料。1 oz 龙舌兰酒，1 oz 草莓汁，0.75 oz 白橙皮甜酒，5 个鲜草莓。

（2）装饰物。盐边，鲜草莓。

（3）载杯及用具。玛格丽特杯或鸡尾酒杯，酒器，电动打碎机。

附录五　南昌国际博览城绿地铂瑞酒店酒水服务

一、企业介绍

南昌国际博览城绿地铂瑞酒店是南昌高端会议会展酒店，是南昌绿地国际博览中心重要组成部分，区位优势明显、交通便捷。酒店秉承高端国际设计理念，将"湖光掠影，乘风起帆"的意境延伸到酒店内部，使整个空间如梦如画，有品南昌之气质温婉，读中华文化浓墨重彩的气韵，为宾客全面打造舒畅惬意的居住空间。酒店拥有400余间设施齐全、宽敞舒适的客房，更配备中餐厅、全日制餐厅、特色餐厅、大堂吧、泳池、健身房、康体SPA馆等场所。同时，酒店包含2个2600平方米大型无柱宴会厅和26个不同规格的多功能厅，均配备先进视听器材及完善的会议辅助设施，能够满足各种宴会、会议需求。

二、酒水服务

在员工的日常培训中，酒店会对餐饮部工作人员进行详尽的酒水知识介绍，包括无酒精饮料、啤酒、黄酒和中国各类香型的白酒，使他们了解世界三大饮料——茶、咖啡、可可，可以及时有效处理服务中各类情况。

在提供高品质的餐饮服务中，酒水的服务技巧同样重要。南昌国际博览城绿地铂瑞酒店对用餐中相关酒水服务的技巧进行了详细介绍，旨在确保每位宾客都能享受到满意的用餐体验。

（一）准备充足的分酒器

（1）多样化分酒器：根据酒店提供的酒水种类，准备相应型号和材质的分酒器，如红酒杯、白酒杯、啤酒杯等。

（2）清洁与保养：分酒器在使用前必须确保清洁无尘，杯口无破损，杯身无污渍或水印。定期清洗和消毒，保证卫生标准。

（3）充足储备：根据餐厅的客流量和酒水销售情况，合理预测并储备足够的分酒器，以防用餐高峰时出现短缺。

（二）眼观六路、耳听八方

（1）观察宾客需求：服务员应时刻保持警觉，观察宾客的举止和表情，判断其是否需要添加酒水或更换酒杯。

（2）留意宾客交流：通过宾客的对话内容，可以间接了解到宾客的喜好和需求，从而提供更加贴心的服务。

（3）处理突发情况：如宾客不慎打翻酒杯或酒水溅出，服务员应立即上前处理，并向宾客致歉，同时更换新的酒杯和酒水。

（三）专人服务主人和主宾

（1）识别重要宾客：在宾客入座时，服务员应迅速识别出主人和主宾，并重点关注他们的需求。

（2）优先服务：在酒水上桌时，应优先为主人和主宾倒酒，并确保酒水的温度和口感达到最佳状态。

（3）特殊关注：对于主人和主宾的特殊需求，如特定的酒水品牌、温度要求等，服务员应牢记在心，并提前做好准备。

（四）其他服务技巧

（1）推荐酒水：根据宾客的口味和菜品搭配，服务员可以适时推荐酒店的特色酒水，增加酒水销售额。

（2）及时更换酒杯：如宾客的酒杯中留有口红印或其他污渍，服务员应及时更换新的酒杯，保持用餐环境的整洁。

（3）记录宾客喜好：对于常客的酒水喜好和特殊需求，服务员应做好记录，以便下次提供更加个性化的服务。

（4）注意酒水的搭配：根据菜品的特点和宾客的需求，合理搭配酒水，提升用餐体验。例如，海鲜类菜品可搭配清爽的白葡萄酒或啤酒；红肉类菜品则可搭配浓郁的红葡萄酒。

三、特殊情况处理

酒店每天接待大量客人，工作人员需要及时、灵活、稳妥地处理各类突发事件。

（一）酒水洒落

（1）立即反应：服务员看到酒水洒落后，应迅速前往事发地点。

（2）道歉与安抚：向受影响的客人道歉，并询问是否有衣物或物品被弄湿，如有需要可提供干净的毛巾或替换衣物。

（3）清理现场：使用干净的布或纸巾清理洒落的酒水，避免客人滑倒。

（4）检查设施：确保家具和地毯没有受到损害，如有必要，通知相关部门进行维修。

（5）预防再次发生：检查酒水容器是否完好，并提醒服务员在倒酒时小心谨慎。

（二）客人随手拿托盘上的酒饮

（1）礼貌提醒：服务员应礼貌地提醒客人，告知他们酒饮是收费的，并询问是否需要为他们服务。

（2）提供服务：如果客人需要酒饮，服务员应迅速为他们提供服务，并确保酒饮被准确无误地送到客人手中。

（3）保持警惕：服务员应时刻保持警惕，确保托盘上的酒饮不被随意拿取。

（4）培训员工：加强员工培训，确保他们了解酒店的规章制度和服务流程。

（三）饮酒过多

（1）观察客人：服务员应密切关注客人的饮酒情况，特别是那些已经喝了大量酒水的客人。

（2）提供帮助：如果客人出现醉酒迹象，服务员应主动提供帮助，如提供清水、毛巾等。

（3）联系前台：如客人情况严重，应立即通知前台，以便及时联系客人的亲友或提供医疗援助。

（4）确保安全：在客人醉酒期间，确保他们不会摔倒或与其他客人发生冲突。如有需要，可安排专人照看。

（5）记录情况：在事后记录客人的饮酒情况和处理过程，以便酒店进行后续跟进和改进。

酒店定期为员工提供培训，确保他们了解酒店的规章制度和服务流程，并能够在遇到特殊情况时迅速做出反应，针对可能出现的特殊情况，制定详细的应急预案，确保员工能够按照预案进行处理。酒店通过提供优质的服务和关怀，提高客人的满意度和忠诚度，减少特殊情况的发生，并与客人保持良好的沟通，了解他们的需求和期望，及时解决问题和纠纷，酒店根据客人的反馈和员工的建议，持续改进酒店的服务质量和管理水平。

参 考 文 献

[1] 匡家庆 . 酒水知识与酒吧管理［M］. 北京：中国旅游出版社，2017.

[2] 盖艳秋，张春莲 . 酒水服务与酒吧运营［M］. 北京：中国旅游出版社，2017.

[3] 牟昆 . 酒水服务与管理［M］. 北京：清华大学出版社，2017.

[4] 郭慕，周小芮 . 调好一杯鸡尾酒［M］. 北京：中国轻工业出版社，2016.

[5] 法国芒果出版 . 无酒精鸡尾酒［M］. 郝文，译 . 北京：中国轻工业出版社，2018.

[6] 人力资源和社会保障部教材办公室，中国就业培训技术指导中心上海分中心，上海市职业培训研究发展中心 . 调酒师［M］. 北京：中国劳动社会保障出版社，2010.

[7] 何立萍 . 酒水知识与酒吧管理［M］. 北京：旅游教育出版社，2016.

[8] 殷开明，田怡 . 酒水知识与酒吧管理［M］. 桂林：广西师范大学出版社，2014.

[9] 王勇 . 酒水知识与调酒［M］.2 版 . 武汉：华中科技大学出版社，2019.

[10] 贺正柏，祝红文 . 酒水知识与酒吧管理［M］. 北京：旅游教育出版社，2021.

[11] 蔡洪胜 . 酒水知识与酒吧管理［M］. 北京：清华大学出版社，2020.

[12] 吉多 . 鸡尾酒原来是这么回事儿［M］. 林琬淳，译 . 中信出版集团，2019.

[13] 莱纳 .DK 鸡尾酒——调酒的艺术［M］. 田芙蓉，译 . 北京：中国轻工业出版社，2017.

[14] 日本 YYT 工作室 . 鸡尾酒品鉴大全［M］. 卢永妮，译 . 北京：中国民族摄影艺术出版社，2015.

[15] 贾斯尼尔 . 葡萄酒赏味·购买·收藏指南［M］. 刘燕妮，姜寿梅，译 . 北京：中国旅游出版社，2010.